武器輸出と日本企業

望月衣塑子

熊倉正彦さんへ
望月衣塑子
2020.7.12

角川新書

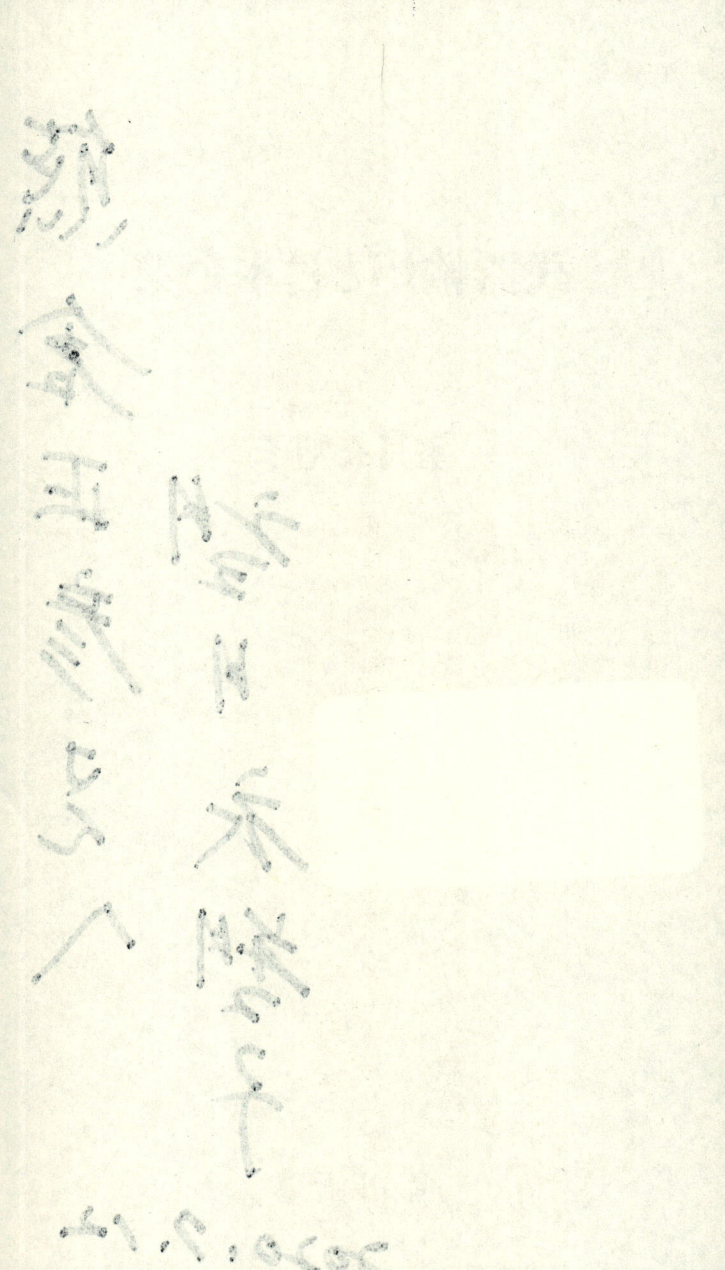

はじめに

日本で初めての武器展示会

横浜の湾岸部、海に向かって開かれたみなとみらい地区は、緑あふれる広大な公園と、近未来的なインテリジェントビルで構成される首都圏でも有数の人気スポットだ。休日にはさまざまなイベントが行われ、家族連れや若い人々でにぎわう。

この一角にある大型展示ホール「パシフィコ横浜」に、スーツ姿の人々が吸い込まれていく。

２０１５年５月13日から３日間にわたり、海上防衛についての大型の武器展示会「MAST Asia 2015」が開催された。国内では初めての武器の展示会で、後援は防衛省、外務省、経済産業省だ。

テニスコート13面に及ぶ、３３００平方㍍の会場には、欧米の海軍司令官をはじめ、Ａ

SEAN、中東など世界39カ国の海軍幹部、また、アメリカの軍事企業の最大手であるロッキード・マーティンをはじめとする、防衛企業125社、計3795人が詰め掛けた。人でごった返す会場を見ながら、開催にたずさわった防衛関連の財団職員が、感慨深そうにつぶやいた。

「今から10年前だったら、こういうことを日本でやるなんて考えられませんでしたね……」

そのなかにあって、入り口付近で、100平方㍍にわたって大きく陣取られた日本企業のパビリオンは赤を基調とし、桜をちりばめた華やかなデザインだ。展示会には、海上自衛隊に加え、企業13社が参加した。三菱重工、日立製作所、川崎重工、新明和工業、IHI、三井造船、ジャパンマリンユナイテッド、富士通、沖電気、日本無線、NAS（日本エヤークラフトサプライ）の11社が並ぶ。

制服姿の海外の軍人たちに対し、担当者は英語のパンフレットを手渡し、質疑に応じるなど、積極的に日本の防衛産業についてアピールしている。

初参加の海上自衛隊も力が入る。自衛官用の制服に着替えるための別室が用意され、2009年に就役した最新の大型潜水艦である「そうりゅう」の1m模型を展示していた。

このとき横浜港には、展示のために護衛艦「いずも」も接岸していたが、希望する軍人に向けて見学ツアーが組まれており、乗り込んだ欧米などの軍人らにも「日本の『いずも』はやはり素晴らしい」と好評を得ていた。

海上自衛隊の「そうりゅう」の開発には、防衛省とともに国内の防衛産業最大手である三菱重工がたずさわった。

三菱重工のブースでは、その「そうりゅう」型の潜水艦についてのパネルや、見張りを主たる目的とする哨戒《しょうかい》ヘリコプターの模型などを並べていた。

「いずれも世界や日本の海洋安全保障を高める技術です」

三菱重工の担当者は取材に対し、誇らしげにそういった。

武器といってもすぐに軍事に結びつくものだけとは限らない。実際、政府や防衛省は武器ではなく、「防衛装備品」という言葉を使っている。

富士通が展示していたのは、大容量の高速無線通信ネットワークを可能にする半導体ガリウムナイトライドのパネルだ。

「軍事だけでなく、広く海洋安全のために国際社会で使えるものを」と、開発したという。

単独でブースを設けたNEC（写真　小沢慧一／中日新聞）

同様に日本無線の展示も、一見軍事とは直結しない、民間の船舶が無線で使う民生（民間で使われている、という意）のブリッジシステムだった。カタログを配っていた担当者は、その意図をこう話す。

「海軍の関係者が多いので、民生でも軍用に使えるものを選びました」

日本ブースとは別に、ＮＥＣと極東貿易は、自社名をより世界の武器市場にアピールできるよう、独自にブースを出していた。ＮＥＣは民生の港湾監視や海洋の広域監視システムのジオラマやモップアップ（実物大模型）のほか、スライドでも紹介。基地局の要らない無線機の実機も置いている。

ＮＥＣ幹部は意気込んで語る。

位	企業名	金額（億円）
①	三菱重工	2,632
②	川崎重工	1,913
③	NEC	1,013
4	ANAホールディングス	928
5	三菱電機	862
⑥	IHI	619
⑦	富士通	527
8	東芝	467
9	コマツ	339
⑩	三井造船	319

日本の大手防衛企業の売上上位（中央調達分／出典『自衛隊装備年鑑2015-2016』朝雲新聞社）。○はMast Asia 2015出展企業）

「防衛技術の流行を掴《つか》むには、武器展示会への参加は必須《ひっす》です。日本は、武器輸出三原則が足かせとなり、長らく武器展示会に参加できませんでした。ヨーロッパなどは日本の防衛装備はアメリカから全部買っているので、日本は防衛技術を持っていないと思っている国も多いのです。新三原則ができ、ようやく日本の防衛技術を世界にアピールする場ができました。この機会を積極的に捉《とら》えていきたいですね」

展示会最終日には、呼びかけ人である森本《もりもと》敏《さとし》元防衛相が記者会見を行った。

ロイターなど海外メディアの記者が多く集まった会場で、森本元防衛相は日本の武器輸出への取り組みをアピールした。

「日本の防衛の政策変更が（2014年4月に）行われ、直後は『日本は武器商人になっていくのか、リスクを負いたくない』という慎重な会社が多くありました。わずかとはいえサクセスストーリーが報道されるようになり、この分野にビジネスチャンスが開かれているということに多くの企業が気付き始めています」

企業にとって武器輸出がいかに大きなビジネスチャンスにつながるかを繰り返し強調していた。

展示会の来場者数の3795人は、当初の予想を倍近く上回った。反響を受け、主催者であるイギリスの民間企業マスト・コミュニケーションは、2017年6月に千葉県の幕《まく》張《はり》メッセで2回目を開催することに決めた。日本の展示規模は前回と同程度となる見通しで、1回目の展示会では見送られていた商談ブースを設けることなども検討している。

武器輸出、47年ぶりの大転換

一般にいわれている「武器輸出三原則」は1967年、佐藤栄作《さとうえいさく》首相が国会答弁で表明したものだ。具体的には次の3項である。

①共産圏諸国への武器輸出は認められない
②国連決議により武器等の輸出が禁止されている国への武器輸出は認められない
③国際紛争の当事国または、その恐れのある国への武器輸出は認められない

さらに76年2月、三木《みき》武夫《たけお》首相が「武器輸出についての政府の統一見解」を発表する。

①三原則対象地域については「武器」の輸出を認めない
②三原則対象地域以外の地域については、武器の輸出を慎む
③武器製造の関連設備の輸出については、武器に準じて取り扱う

これらを合わせて「武器輸出三原則等」といわれてきた。

以後、その時々で例外規定が設けられてきたが、基本的に政府は武器輸出へ慎重な姿勢をとってきた。一方で、自民党防衛族や経済団体連合会(2002年に日本経営者団体連盟と統合し、日本経済団体連合会に名称を変更)に属する多くの防衛企業は、武器輸出の解禁を強く要望し、ことあるごとに武器輸出三原則の見直しは俎上《そじょう》に載せられてきた。そして

2014年4月、第二次安倍晋三《あべしんぞう》内閣の下で事実上の解禁となったのである。

武器輸出の解禁が、安倍首相により急速に進められたという論調もあるが、それは一面的な見方だろう。政財官が一体となった地ならしは着々と進められてきており、09～12年の民主党政権下も例外ではなかった。

11年12月、野田佳彦《のだよしひこ》政権の藤村修《ふじむらおさむ》官房長官談話によって、武器輸出を大幅緩和する方針が決定。民主党政権はその直後に崩壊し、新たに誕生した第二次安倍政権が一定の条件の下で武器を原則輸出できる、「防衛装備移転三原則」を閣議決定したのだった。

①国連安全保障理事会の決議などに違反する国や紛争当事国には輸出しない
②輸出を認める場合を限定し、厳格審査する
③輸出は目的外使用や第三国移転について適正管理が確保される場合に限る

この新三原則によれば、一定の審査を通れば輸出が可能な仕組みとなり、従来の三原則からの大転換といえる。

この原則では、従来の三原則での「紛争当事国になる恐れのある国」は禁輸の対象から

外された。イスラエルや中東諸国への輸出にも事実上制限がかからず、紛争に加担する可能性は高まったといえるだろう。

また従来の三原則にあった「国際紛争の助長回避」という基本理念は明記されなかった。新原則で禁輸対象となる国は、北朝鮮、イラク、ソマリアなどわずか12カ国だけだ（2016年6月現在）。

新たな三原則制定の政府の狙いは、日本の防衛企業の生き残りと海外市場での事業拡大、それによって日本の防衛技術力を高め、日本の防衛力、安全保障を強化することだ。安倍首相が強い意欲を示した集団的自衛権の行使容認に向けて、アメリカや関係友好国と軍事的な連携を深めたいとする狙いもあった。武器の共同開発や技術協力を行うことを目指している。

新三原則が制定され、防衛装備庁も発足したことで、武器輸出に向けた国内の環境はある程度整ったといえる。

"三流官庁"から脱却、存在感を増す防衛官僚

新三原則で政府の強力な後ろ盾を得たのは防衛省だ。

防衛省は、かつて省庁の中では〝三流官庁〟とも揶揄《やゆ》され、官僚社会の中ではともすれば格下に位置付けられていた。東大法学部から国家公務員試験に上位で合格を果たすような学生は軒並み、財務省、経済産業省、外務省を選択していたからだ。

しかし、安全保障関連法案の整備が進み、憲法の解釈変更による集団的自衛権行使を前面に掲げる安倍政権の下でその立場は大きく変容している。

たとえば、内閣府に設置された機関の一つで、国家の主要政策を決める「国家安全保障会議」（日本版NSC／議長　安倍晋三首相）があるが、事務局には制服組を含めた防衛省幹部らが配置されている。

また、同じく内閣府の機関で、科学技術政策の司令塔ともいえる「総合科学技術・イノベーション会議」（議長　安倍晋三首相）では、15年6月に発表された「科学技術イノベーション総合戦略」で、防衛省の研究課題に初めて言及。「災害ロボットの開発」を担う省庁として総務省消防庁とともに、防衛省に初めて取り組みを求めた。

このように、政府の重要な政策決定に防衛省が関わることが一気に増え、それと軌を一にするように、防衛官僚たちからも「これからは防衛省がより重要視される時代が来る」などの強気な発言が目立つようになっている。

そして2015年10月には「防衛装備庁」が新たに設立された。防衛省の外局として、武器輸出の旗振り役となる。

デュアルユースで結びつく研究者

防衛装備庁の動きは素早い。すでに武器輸出のための具体的な支援策について検討を始めている。

たとえば、ビジネスとしての不安を抱える企業に対しては、海外のインフラ投資で実績のある国際協力銀行（JBIC）などを使って武器輸出の支援を行うことを検討中だ。武器輸出の支払いが滞り、日本企業が赤字になってしまったときなどのために、国が不足分を補塡《ほてん》する「貿易保険」を適用することなども議論されている。

武器輸出への抵抗感が強い企業に対しても説明を惜しまない。

経団連や全国各地の商工会議所などで新三原則についての説明会を開催。防衛省の職員たちが、心理的な抵抗を持つ技術者の声に耳を傾けながら、ビジネスとしての可能性を訴えている。「様子見だ」とする企業も「乗り遅れてはいけない」（愛知県の中小企業幹部）と説明会に足を運び、満席に近い会場も多い。

「防衛装備に生かせる民生技術を持つ企業は、どんどん手をあげてください」

防衛省の担当者はそう呼びかけている。

企業だけでなく、大学や研究機関の民生技術を取り込むための施策も進む。

政府は2013年12月、「防衛計画の大綱」を閣議決定した。この大綱には「大学や研究機関との連携の充実等により、防衛にも応用可能な民生技術（デュアルユース技術）の積極的な活用に努める」と盛り込まれている。

デュアルユースとは、文字どおり「二通りの使い道」を意味し、民間に使用されている（民生）技術を軍事でも使うことだ。GPSやインターネットが、そもそもはアメリカの軍用に開発されたものであることはよく知られている。

政府の方向性の下では、これまでは武器として使用されなかった、繊維素材や無線・通信技術、照明などの民生の技術や商品も軍用として利用されることになる。

政府の決定を受けて、防衛省は「デュアルユース技術を防衛装備品にも活用し、大学や研究機関との連携を深める」として具体的な後押し案を打ち出した。武器と結びつく研究に資金を提供する「安全保障技術研究推進制度」も初めて立ち上げた。

これまで大学や研究機関は、研究が軍事に転用されないよう、各大学や機関で厳しい取り決めを行ってきた。第二次大戦への反省をもとにしたものだが、国からの運営費交付金が年々減らされる中、この防衛省の発表を受けて、研究者たちも苦渋の選択を迫られるようになっている。

デュアルユース技術という名の下で、武器輸出が政府によって推進され、これまで武器とは関係なかった日本企業の高度な技術や商品が、世界の武器市場に拡散する可能性が高まっている。

私の心の中に徐々にいいようのない不安感が広がるようになった。

「防衛技術力の維持のため」「日本の安全保障の強化のため」、武器輸出は推進していくべきなのか。この問題に対する答えを探すため、防衛省や防衛装備庁、企業や大学、研究機関の研究者たちに取材してきた。

広報部があるような大企業の中には、取材に応じてくれた会社もあったが、中小企業ではテーマを伝えたとたんに電話を切られたり、門前払いされるのが当たり前だった。立て続けに取材拒否に遭い、関係官庁からは締め出しを食らい、防衛省の幹部には説教をされたりと、めげそうになったことも多々あったが、そのなかで、危機感や私と同じような不安感から匿名を条件に取材に応じてくれた経営者や従業員、官僚たちがいた。

政府が官民をあげて、武器輸出に踏み込もうとする中、その流れに企業や研究者たちはのみ込まれていくのだろうか。武器市場から新たに生まれる利益は、なににつながるのか、国民の生活はより豊かになるのか――。

本書が読者の方にとって、日本の武器輸出の進む道を考える一助になればと思う。

武器輸出と日本企業　目次

第4章　武器輸出三原則をめぐる攻防

本書における肩書き、役職などは特に断りのない限り、当時のものである

図版作成　フロマージュ／DTP　オノ・エーワン

第1章 悲願の解禁

晴れやかなお披露目

防衛省の外局である防衛装備庁が、2015年10月1日、新たに発足した。

秋晴れの下、すっきりとした表情の中谷元《なかたにげん》防衛大臣が庁舎前に現れた。

「防衛装備品をより効率的に取得し、拡大している装備行政に的確に対応していきたいと思っております」

となりには長官に就任した渡辺秀明《わたなべひであき》氏（前技術研究本部長）がなごやかな笑顔で立ち、多くの防衛省職員と報道陣のマイクやカメラに囲まれる中で思いを語った。

「国会議員の先生方、それから各府省庁のみなさん、産業界の方々から非常に強くご支援いただいて誕生したという認識を持っております。期待値はかなり高いと感じます。全力を尽くして対応してまいりたいと思います」

二人は、「防衛装備庁」と揮ごうされた看板を恭しく立てかけ、地方局の職員が描いたというロゴマーク（緑と青の地球のまわりを戦闘機、戦車、護衛艦が囲む）にかかっていた布を大事そうにとると、報道陣に初めてお披露目した。

この日発足した防衛装備庁は、武器の研究開発から設計、量産、調達、武器輸出などを一元的に担う組織である。

陣容も拡大した。武器輸出など防衛産業政策の要《かなめ》となる装備政策部を新たに設置。同部の下には武器輸出の支援体制作りなどを担う装備政策課と、海外との交渉窓口を担う国際装備課を置いた。国際装備課は、それまで4人ほどだった担当者を約20人とし、日本の武器に対する海外のニーズを掘り起こし、情報収集活動などを行う。

民間企業の取り込みにも意欲を見せる。これまで防衛省と直接取引関係にある企業は、卸売業や建設業はじめ全国で4568社のみだった（2013年帝国データバンク「防衛・自衛隊関連企業の実態調査」）が、武器の製造に関わっていなかった民間企業にも「武器輸出に参加を」「国防に生かせる良い民生技術があれば手をあげて欲しい」と訴えるのだった。

さっそく動き始める防衛装備庁

動きは素早かった。防衛装備庁のお披露目の直後に、防衛省の東海防衛支局が主催する「防衛セミナー」が、名古屋市の名古屋商工会議所で開催された。中部・東海エリアといえば、防衛省が開発を進める次世代の国産戦闘機「X2」（通称〝心神《しんしん》〟）の旗振り役である三菱重工の名古屋航空宇宙システム製作所があるエリアだ。関連企業も多い。

そのこともあり、セミナーには防衛企業を中心に約250社が集まり、450人が参加、会場は満員の状態となった。

説明を行ったのは、防衛装備庁の装備政策部長である堀地徹《ほっちとおる》氏や防衛技監の外園博一《ほかぞのひろかず》氏だ。堀地氏は、防衛装備庁の立ち上がりや、武器輸出も含めたものづくりの開発現場が置かれている状況など、業界の外枠を説明していたが、外園氏はより具体的な防衛装備品の内容に踏み込んだ。

どんな雰囲気だったのか。セミナーに参加した商工会議所のメンバーである男性に話を聞いた。

「外園防衛技監は、防衛省が取り組む戦闘機の国産化に、中部地方の高い技術力と人材を生かしてほしいと訴えていました。

『武器輸出のために』とは言わなかったけど、当然そういうことが視野にあるのではないかな。戦闘機としてより優れたものを、国産化ないし共同開発で実現していきたいということでしたよ」

別の中部企業の参加者はこう話す。

「『デュアルユース』（軍民両用）という言葉を多用していましたね。防衛省としては埋もれている民生技術を国防に生かしたいというわけでしょう。民間の技術が軍用に生かせる場合もあるし、軍用の技術が民間に生かせる場合もある、起点がどちらにあっても、軍民両方で生かせるような技術開発を進めたい、今後は戦闘機を国産化する方向性もあるし……と話していました」

また別のある商工会議所の関係者は、防衛省の発言を冷静に分析していた。

「どういう民間企業が戦闘機の開発に役立つ力を持っているのかということに関しては、実際は防衛省よりも三菱（重工）や川重（川崎重工）の方が詳しいでしょう。防衛省・自衛隊の地方窓口である東海防衛支局が主体となってセミナーを開いたのは、現在の政府の立場を伝え、民需に力を注いできた企業にも軍用への可能性を検討してほしいというそんな思いからでしょうね」

話を聞かせてくれた経営者たちは、セミナーの内容について教えてくれたが、その胸の内まで聞かせてくれた人はほとんどいなかった。

そのなかで、中部地域にある電子部品製造業の経営者は、民生品の輸出とは違い、慎重にならざるを得ない面はある、と認めた上で「正直、おっかなびっくりですよ」と心境を聞かせてくれた。

「我々は三菱重工などと違い、最前線で武器輸出するという感じはありません。だからセミナーに参加はしましたが、どちらかというと様子見ですね。社名が出ることで企業イメージが悪くなる面もあるし、リスクもあると思います。また、国家機密を扱うわけですから、外国籍の社員がいたらどうするのかという問題もありますね。さらにいえば、実際になにに使われるのか、倫理的にどうなのか、海外に出す規定はどうなっているのか……など、まだ見えません。

具体的に防衛省などから『これを輸出して』『これを武器輸出のために作って』と要請されたり、依頼が来たときに、個々の企業がどう対応するべきか、判断をせまられるのでしょうね……」

220社30万部品が集結した「平成のゼロ戦」

セミナーで防衛技監の外園氏が具体的に取り上げたのは、防衛省と三菱重工が研究開発を進める研究用の航空機、先進技術実証機「X2」だ。

X2は、機体の長さ14・2メートル、幅9・1メートル、高さ4・5メートルで武器は積んでいない。敵機のレーダーに探知されにくいステルス性能のほか、機動力に優れ、急上昇や急降下が可能なエンジンを備える。このエンジンはＩＨＩ、主翼・尾翼は富士重工、コックピットまわりは川崎重工が担うなど、１機の製作に計約２２０社が参画。約30万点の部品を組み合わせることでできあがった。部品のおよそ9割を国内の防衛関連企業が製作している。開発には5年の月日を要した。

開発関係者の間で富士山の別称〝心神《しんしん》〟と呼ばれてきたＸ２は、三菱重工の製造部門で開発された零式艦上戦闘機（ゼロ戦）の遺伝子を受け継ぐ「平成のゼロ戦」ともいわれている。

その〝心神〟Ｘ２のお披露目式が、２０１６年1月、愛知県豊山《とよやま》町にある三菱重工小牧《こまき》南工場で行われた。赤と白を基調とする、双曲線を描く機体は、戦闘機開発のための実証機とはいうものの美しく、実物を前に私は目を奪われた。

防衛装備庁で航空装備を担当する三輪英昭氏は、この日を待ち望んでいたかのように、同センターの会見室に現れ、晴れ晴れとした表情で報道陣の前に立った。

三輪氏は、Ｘ２が備える新技術と機能について終始興奮した口ぶりで、やや早口に説明した。

"心神" X2（朝日新聞社/Getty Images）

「"心神"は、従来機が飛行できない軌道を飛べる技術があります。従来機は、同じ水平面の中で運動をしているようなものでした。

スケートにたとえていうなら、従来機はどちらかというとスピードスケートと思っていただくとわかりやすいと思います。レーストラックを速いスピードで曲がっていきますね。

一方で（X2に搭載された）高運動機能は、（水平面だけでなく、機体が上下方向にも大きく動く）フィギュアスケートの選手のイメージです。動きながらくるくるスピンする、そういったことを可能にする技術なのです。

動きながらくるくる回れるので、速い機種（戦闘機）を脅威対象機（敵機）に対して向けることができる、すなわち、レーダーを相手に対して早く照射できる、早くロックオンして、早くミサイルが撃てる、といった技術なのです」

攻撃に際して、X2の高運動機能が、敵に対してより優位になる側面を何度も強調した。

220社の民間企業におけるとりまとめ役は、防衛最大手の三菱重工で、同社の「防衛・宇宙ドメイン航空機事業部」が担っている。

同部の技監・技師長の浜田充氏は、開発スタートから20年の年月を、伊勢《いせ》神宮の式年遷宮になぞらえた。

「20年前の開発当初からいたエンジニアは多く残っていません。数少ないエンジニアが、次の世代のエンジニアに技術を継承していっているのです。これは伊勢神宮の式年遷宮の意義とも重なります。

X2でいうと、開発チームのメンバーは全体で250人ぐらいいますが、数名の経験あるエンジニアが、若い100人以上のエンジニアを育てながら、1機を仕上げていきます。技術の継承、人材の育成で基盤というものは維持されていくと考えます。

この事業で得られた基盤を次の国産戦闘機の開発に活用したり、得られた技術をスピンオフさせていけば、航空産業全体の強化に役立てられるのではないでしょうか」

またこの戦闘機の、主にエンジン部分の開発にあたったIHIの航空宇宙事業本部防衛システム事業部開発部長の夏村匡氏は、浜田氏の「技術の継承」の話を受けて、「エンジンの製造企業としてもまったく同じ思いですね」と言葉をつないだ。

夏村氏は、防衛装備庁の三輪氏が会見で流した、X2のエンジンが燃焼している際の動画についてこう説明した。

「このエンジンには二つの意義があります。一つ目は、(エンジンの)アフターバーナーの炎が見えていましたが、これを装着したエンジンとしては初の国産エンジンであることです。

もう一つ。(武器輸出により)これから世界の中で主張していくことが必要になっていくので、なるべく先進的技術が必要だと考えています。日本の得意な技術で性能をあげていきたいと思います。

(X2の開発は)大変意義のある事業といえるでしょう。IHIはチーム一丸で、防衛装備庁、三菱重工と協力し、飛行試験に向けて全力をつくしていきます」

〝心神〟初飛行が成功

現在の日本の自衛隊の主力戦闘機F2は純国産を目指しながら、アメリカの圧力で日米共同開発になった経緯がある。

それ以前の国産戦闘機とされるF1は1977年に初飛行、三沢《みさわ》基地や築城《ついき》基地などの支援戦闘機部隊に配備された。機動性の低さから空中戦での不安なども抱えていたが、F2配備にあわせ、F1は2006年に退役した。

F2で叶わなかったこともあり、純国産の戦闘機は防衛省の悲願ともいえた。このような流れの中で、〝心神〟X2は開発された。お披露目で開発者たちが終始誇らしげな表情を見せていたのは、長年の悲願である戦闘機国産化が一歩前進したことへの安堵《あんど》感と満足感のためだろう。

お披露目から3ヶ月後の4月22日、いよいよ〝心神〟X2が初飛行となった。当初の予定からは2ヶ月ほど遅れたが、多くの報道陣や関係者が見守る中、青空の下、愛知県の名古屋空港を8時47分にゆっくりと離陸、9時13分に航空自衛隊の岐阜基地に無事着陸した。

その報告を受け、ほっとしたような表情を浮かべる中谷元防衛大臣が、記者会見場に現れた。

「これまでずっと地上テストで、技術研究開発をしてまいりましたが、今回の初飛行は、将来の戦闘機を開発するため、必要な技術力の確保にめどをつけるもので、大変重要な意義を有しております。また、航空機産業全体の技術の革新、他分野の応用に大変期待が持てるものだと感じております」

会見後に話を聞いたある防衛装備庁の幹部は、

「もし仮に次期戦闘機が外国と共同開発になっても、戦闘機において優れた技術を持っていれば、有利な条件で開発が行える」

と胸をなでおろしていた。

防衛省はこれまでに約394億円を投入し、X2の開発を進めてきた。X2初飛行の成功は、長期にわたって開発を進めてきた防衛装備庁や三菱重工はじめ多くの防衛企業にとってはうれしいニュースだった。

フランスの武器見本市に日本の企業が初参加

2014年4月の新三原則の制定を受けて、海外への動きも素早かった。

直後の6月、パリで開催された世界最大の国際武器見本市「ユーロサトリ」に、日本の大手中小の計13社が参加した。今回の日本からの参加は、三菱重工、川崎重工、日立製作所、東芝、富士通、NEC、藤倉航装、クインライト電子精工、VSテクノロジー、フロントライン、池上通信機、ジャパンセル、クライシスインテリジェンスの各社だ。

これまで同展示会は、パナソニックなど大手防衛企業の現地法人や、日本の中小の防衛企業のみが参加していたが、新三原則決定後、経済産業省と防衛省が、新三原則に関する企業への説明会などで大手にも参加を直接呼び掛けた。これに応じた三菱重工や川崎重工はじめ、大手防衛企業6社も参加を決めたのだった。

初参加の大手6社はいずれも防衛省との防衛装備品の取引額（中央調達）が16位以上（2015年度）の常連だ。新三原則を受け、政府が大企業とタッグを組みながら武器の海外輸出に突き進む姿が浮かび上がる。

三菱重工は、新型の装輪装甲車の模型を初披露、戦車用エンジンもパネルで展示した。川崎重工が用意したのは、戦闘機の練習で使用する空対空（空中から発射され、空中の目標を攻撃するミサイル）の小型標的機や地雷探知機、アメリカ軍が偵察で使う四輪バギーの実物など。

日立製作所は、自衛隊が使う車両や地雷処理装置、東芝やＮＥＣは民間向けに開発した気象レーダーや無線機などをパネルなどで紹介した。

ただどの担当者もそれほど前のめりな姿勢は見せていなかった。まずは様子見といった

ユーロサトリの日本パビリオンで訓練用のゴム製銃を手にする武田良太防衛副大臣（共同通信社/ユニフォトプレス）

ところか。

「世界の防衛市場の需要動向を探りたい」

「軍事転用がどの程度可能か、市場の反応を見たい」

ユーロサトリで、商機を探るのは中小も同じだ。

池上通信機（本社・東京都大田区）は、暗い所でも超高感度で撮影ができるハイビジョンの監視カメラを新たに開発した。これまで民間の放送局などを主な販売先としてきたが、今回の展示に期待を込めて、担当者はこう語る。

「自社製品がどこまで軍事転用が可能か、海外の防衛市場でどの程度の需要が見込めるかを探りたいですね」

自衛隊に落下傘を納める藤倉航装（東京都品川区）も、落下傘や救命胴衣を実物やパネルで展示。これまでは、国内と防衛省だけを主な取引先としてきたが、今後は海外の防衛市場も視野に入れたいと話す。

ジャパンセル（東京都町田市）は、3・11の東日本大震災の後、防衛省の要請を受け、高輝度のポータブルサーチライトを新たに開発した。

「海外の大規模災害などで生かしてもらえれば」

担当者はそう、期待を寄せていた。

解禁前から動いていた富士通

ユーロサトリにも参加していた富士通は、2014年4月の新三原則での方針転換を受けて、海外の軍事企業の買収に早々と動いた。

2014年5月、富士通のイギリス子会社「富士通サービス」が、アメリカ国防総省の武器管理システムなどを開発するアメリカのIT企業を買収した。この買収により富士通はグループとして、世界最大のアメリカの防衛市場に初めて参入、海外との共同開発にも対応できる態勢を整えた。新三原則を受けて、国際化を加速する。

富士通は、将来的には、買収したアメリカ企業の技術を日本やヨーロッパなどでも積極的に展開する方針だ。

富士通サービスのダンカン・テイト最高経営責任者（CEO）はこう話す。

「買収は、世界の防衛市場で富士通が主導権を握るための鍵《かぎ》なのです」

実は富士通は、新三原則以前から世界の防衛産業に積極的な姿勢を打ち出している。

買収した「富士通サービス」は、1998年にイギリス最大手コンピューター会社「ICL」を買収して完全子会社化し、2002年に名称を変更することで誕生した。富士通サービスは、05年よりイギリス国防省の情報ネットワークを構築する事業に、アメリカ大手IT企業「ヒューレット・パッカード」などとともにたずさわり、現在、30万人のユーザーをサポート、イギリス国防省の主要取引先企業になっている。

では新三原則直後の14年5月に買収したアメリカ企業とはどんな会社なのか。

この会社はアメリカのテキサス州にある「グローブレンジャー」（以下グローブ社）というIT企業で、1999年に元CEOのジョージ・ブロディ氏が設立した。RFID（無線自動識別装置）と呼ばれる微小な無線チップタグを使って資産などを管理する仕組みを、防衛市場向けに展開している会社だ。

グローブ社が開発したシステムは、武器の部品情報を一括で管理できる。部品の管理というとたいしたことがないように聞こえるかもしれないが、武器に使用される部品は想像以上に多岐にわたる。たとえば戦闘機1機当たり数十万点という単位だ。

このシステムをアメリカ国防総省などが活用していた。さらに2013年3月には、アメリカ陸軍とグローブ社の元請けである「SRAインターナショナル」が最大3年で3000万ドル（約31億円）に上るシステムの開発契約を交わした。

新三原則で、国際的な武器の共同開発が認められるようになった日本は、アメリカやイギリスとの戦闘機などの開発に積極的に参加しようとしている。富士通の関係者は、「グローブ社の技術は、共同開発でも低コスト化に寄与する」と話し、買収はこうした点も視野に入れたものだとしている。

富士通サービスの広報マネジャー、グレアム・グールデン氏は、英文メールでの質問にこう答えた。

「グローブ社の技術は、変化する防衛市場のニーズと金融サービスなどあらゆる産業の顧客に対して将来有益になるでしょう」

富士通はこれまで、イギリスやオーストラリアなど、ヨーロッパやアジア・オセアニア地域のIT関連の防衛市場で年間15億ドル（約1590億円）ほどの利益を出してきたが、世界の武器市場で4割を占めるアメリカへの足掛かりはなかった。その点を見ても買収の意味は大きい。

買収責任者の富士通サービスのエリック・ボーンズ氏は、グローブ社の技術をアメリカ以外の防衛市場や物流にも利用するため、今後、業務の移行は、グローブ社を訪問して監督するという。

アメリカのRFIDという専門情報サイトによると、グローブ社CEOのブロディ氏は買収についてこう語っている。

「富士通の狙いは、買収を通じて防衛資産のデータ管理や保守、修理、オーバーホール（分解して点検すること）の問題を解決していくことです。長期的には、富士通を通じグローブ社製品が、ほかの国の国防機関や世界中の供給者に、これらの問題解決の道を提示できるようになるでしょう。アメリカを超えてグローブ社の製品を世界中に広められることになります」

IT技術の進化に伴い、防衛システムのネットワーク化、IT化には各国とも多額の予算を投じる傾向にある。

たとえば日本の2012年度の装備品の調達実績ではこの年、NECが1632億円で三菱重工について2位に浮上した。例年よりNECの取引額が伸びた主な要因は、877億円をかけて新たに取り入れられたIT化、ネットワーク化を進める野外通信システムの導入だった。

防衛省の整備計画局はこう肯定する。

「IT化、ネットワーク化で交戦能力は飛躍的に高まります。近年は、戦車などの武器以上に多額の予算をかけ整備を進めています」

富士通は防衛省と2013年度、第6位となる約400億円を契約した。

買収された「日系企業」は制約を受けない

富士通のイギリス子会社によるアメリカ企業買収は、日本の防衛産業への規制に対象外があることを示す。武器輸出が原則容認され、日本の防衛関連企業の海外展開は加速するが、実は、海外企業の買収については実質、企業任せだ。買収された「日系企業」が製造した武器が戦闘で使われる事態への歯止めは、ない。

その理由について、管轄する財務省は、

「法的に規制できる根拠もなく、他国の自治や権利を侵害することになる」とするが、これでは武器製造や輸出で儲《もう》けたい企業は、海外の子会社を使えばやりたい放題になる。私はそれを聞いて愕然《がくぜん》とした。これは法の不備、抜け穴ではないのか。

日本企業が、海外の防衛関連企業などを直接買収する際には、外為法などに基づき、財務相への事前届け出が必要となり、「国際的な平和、安全を損なう」場合、国は買収の変更、中止も勧告できる。

98年にイギリスのコンピューター会社「ICL」(現富士通サービス)を買収した際、富士通は届け出をしている。ほかにも例はあり、たとえば大手の軸受けメーカー「ジェイテクト」(愛知県名古屋市)も2009年、アメリカ企業から買収予定だった自動車向けの軸受け事業が、戦闘機の部品も製造していたため、事前に届け出をした。

しかしこの規制は海外子会社による買収は対象外なのだ。つまり、日本企業の海外にある子会社が「国際的な平和、安全を損なう」恐れのある会社を買収したとしても、日本の法律では止められないのだ。

本当にそれでいいのか。財務省の関係者はその点についてこう話す。

「海外子会社による買収は、外為法の規制対象である『対外直接投資』ではない。規制できる国内法はないのです」

そうくり返すばかりだった。

では富士通としてはどうなのか。広報担当者はけんもほろろといった感じだったが、ある幹部にしつこく取材を重ねると、イギリス子会社を通した買収を「スピードを重視した」としながらも、本音をもらした。

「子会社からの提案だったことに加え、富士通本体による直接買収は、国内手続きが煩雑になる」

武器輸出の原則容認で、日本の防衛産業は武器の共同開発、国際化を進めようとしている。こうしたなかで海外子会社による買収は野放し状態だ。

かろうじて現状では、日本企業による海外の武器製造企業の買収に関して規制が課されている。しかし政府はこれも見直す方針だ。

運用指針を現在の「厳に抑制」から「状況に応じ適切に判断」などと変更する。法律改正はせず、解釈を変えることで、現在の原則禁止規制を改める。これにより、日本の防衛関連企業の海外進出が可能になってしまう。

きっかけは「防衛装備・技術移転に係る諸課題に関する検討会」(政策研究大学院大学学長、白石隆《しらいしたかし》座長)の2015年3月の検討会だ。

参加した防衛企業からこんな意見が出たという。

「武器輸出をするために、武器製造のための合弁会社を海外に設立する場合、『武器製造に関わる投資は抑制する』という従来の政府方針に反することになる。見直しを検討してほしい」

防衛装備庁が設立されたことで、政府は、武器輸出推進の方向に急激に舵《かじ》を切り始めた。防衛装備庁は民間企業の軍事への取り込みに躍起となり、国産化できるような戦闘機の技術開発も熱を帯びる。

政府の意気込みに押されてか、「バスに乗り遅れまい」と企業も国際的な武器展示会に次々に参戦、子会社の買収を通じて、欧米などの防衛市場での利益拡大に乗り出す企業も現れ始めた。政府は企業の武器輸出への動きを活発化させるため、海外の武器製造企業の買収規制も見直す方針を掲げる。

政府の「武器輸出推進」の旗の下、国の形が少しずつだが、確実に変わりつつある。この流れに企業はどう立ち向かっていくのだろうか。

第2章
さまよう企業人たち

防衛産業は「儲かる」のか

防衛省は、次期戦闘機を国産にして新たに100機開発するために4兆円規模の開発費を税金で投入した場合、約24万人の雇用創出が見込め、約8兆3000億円の経済効果があると試算している。防衛省は、防衛力強化とあわせ、その経済効果にも期待を寄せており、防衛装備庁幹部は、

「防衛省が主に経済効果を狙っているわけではないが、戦闘機の開発で必然的に効果はかなり拡大するはずだ」

と胸を張る。

ただこの〝経済効果〟もまだ現場には届いていないようだ。

ミサイル関連の部品を製造する防衛企業の下請け企業の男性社員に、この点に関して話を向けてみた。

「本音で言えばやりたくないですよ。儲《もう》からないからです。受注は少量で品種は多岐にわたり、それでいて値段も厳しい。一つ一つの数は少ないけど無人ではやれないから、生産にたずさわる人間は多く必要です。働く人に対しては教育も必要です。

大企業に『値段を上げてほしい』と話しても、なかなかうまくいきませんよ。限られた人数で技術、品質、価格を考えなければならないのです」

また、ロケットや戦闘機などの関連部品の製造を請け負う企業の男性は、質問に対し初めは、慎重に言葉を選んでいたが、徐々に現状への不満を口にした。

「宇宙・防衛については第三国に開示してはいけないことになっていますよね。『第三国の従業員を使っていますか?』と聞かれて違反していたら、コンプライアンス違反になるわけです。

H3のロケットでは、打ち上げ費用は半分ぐらいに減らされ、製造コストも下げなければならず、商売としては厳しいものでした。ロケットの打ち上げ一発につき、部品1個2個という世界ですよ。精密さが要求され、作るためのコストも非常にかかります。工作機械だって1億円、2億円。人手もかかるし、人の教育から管理まで要求されるのです」

企業の姿勢として、利益を上げるのは第一の目標かもしれないが、こと武器輸出の分野に関しては、それほど単純ではないようだ。

本章では、武器輸出にたずさわる企業の現場から見えてきた、さまざまな問題点を取り上げてみたい。

企業人たちの迷い

経済的な面の一方で、心理的な抵抗はないのか。私がこのテーマを取材するようになって以来、常に抱いてきた疑問だ。戦後、戦争をしない国として憲法九条を掲げ、「武器を持たないプライド」を保ってきた日本人が、積極的に武器を製造し、輸出していく。それほど簡単に企業の経営者や従業員は、気持ちの上で方向転換できるものなのか。

大企業からは前向きな声が聞こえる。

三菱重工の幹部は、

「たとえ武器商人と非難されても、我々は国民の平和な生活を守るために、国防の一翼を担う必要がある」

という。川崎重工の幹部は、

「金儲けでなく、日本の国のために何かしたいという思いからたずさわっています。戦争をするためでなく、抑止力を確実にするために武器輸出をするのです」

とその意義を疑っていないようだ。ただこういった声はわずかで、聞こえてきたのはむしろ戸惑いだった。

「できることならやりたくない」（Ｘ２下請け企業）

「『国を守る』という気持ちや『やりがい』というのは少しだけ」（哨戒機《しょうかいき》Ｐ３下請け企業）

大手企業で働く人であっても思いは複雑だ。

「国がどこまでリスクを取ってくれるかはっきりしない現在、とりあえずは様子見したい」（日立製作所幹部）

「軍事にたずさわっているということで企業の評価が下がるというリスクは取りたくない」（製造業大手企業幹部）

防衛企業が積極的に武器製造につき進めない理由は、経済的な面を別にすれば、大きく三つあると考える。一つは、技術が海外に流出してしまうことへの懸念、もう一つが武器を売ることで自分の身に降りかかってくるリスク、そして武器を売ることへの心理的な抵抗である。

一つ目の技術流出については、実は防衛省にも指針となるものはない。

「現在の制度だと、技術流出などのリスクを企業自身が負わなければいけない仕組みになっています。それは企業にとってあまりにもリスクが大きい話ではないでしょうか」

防衛省のレーダーなどの部品を製造する神奈川県の企業の男性は、言葉に力を込めた。

「私の会社は特殊な技術をよりどころにしています。武器輸出に関しては石橋を叩いても踏み出したくないというのが正直な気持ちです。

国のプロジェクトで防衛省から発注があり、元受け企業が委託してくるならば、参加する選択肢をとらざるを得ないとは思いますが、現時点ではなんともいえません」

もう一つの武器を売ることでのリスクに関しては、さらに深刻だ。

当初取材を拒否し、慎重だったX2の製造に関わる下請け企業の男性は、北朝鮮や中国の脅威があるなかで「防衛システムは絶対に必要」と認めつつも、「正直、軍需産業にたずさわるのは怖いね」と打ち明けてくれた。

「僕自身もテロの標的になるから、こういうもの（武器）を造っているというのが、オープンにされるのは困るよ。こういうもの（武器）を造っていることに『誇りを感じる』というよりも、有事のときが心配だよ。金が儲かればいい、という世界に走ると逆に自分が造ったものでやられる、ということになりかねないよね。

輸出するなら慎重に慎重を重ねる必要があるでしょう。過激派組織『イスラム国』（IS）とか、武器商人にわたらないようにしないといけないね」

3つ目の心理的な抵抗については、東海地方で防衛装備用のネジを製造する中小企業の男性が「俺は本当はやりたくないよ」と本音を語ってくれた。

「軍需でやっていくという覚悟があるわけではないからね。軍需品の審査は本当に厳しくて、神経を使うし、ほかにやりたい人がいないからやっているんだよ。できれば、軍需とはつながりのない仕事で稼ぎたいとは思っても、現実問題として生活費を稼ぐためには、軍事、民事と選別できるような状況ではないんですよ……」

割り切れない思いを持つ彼らの話を聞く限りは、「儲かればいい」という発想だけで商品に関わっている人は皆無だった。これまでは「自衛のためにある程度の武器の技術は必要だ」と自らに言い聞かせつつ、生活のため、国のためと、商品の製造に関わってきたという人が大半だ。

そしていま、武器輸出が解禁となり、その「自衛のため」という意識に何らかの変化が生じているようだ。武器輸出を行うことへの覚悟や信念のようなものが醸成されるには時間が短すぎるのだろう。

生活のために作るのは仕方ない。でもその商品の行き先はどこなのか、一体どう使われるのか——彼らからは、世界の戦争に自分たちの商品を利用されたくないという、漠然とした不安や懸念を感じた。数々の割り切れない思いが、彼らの肩にのしかかっているように思えた。

三菱重工が下請け750社に課す厳しい独自規格

三菱重工の下請け企業に取材を進めていると、その厳しい品質管理への不満が漏れ聞こえてきた。

次世代戦闘機〝心神〟X2の開発の司令塔は、三菱重工の名古屋航空宇宙システム製作所だ。名古屋市内から車で20分の距離に、25万平方㍍という広大な敷地を有し、設計や研究、部品の開発などを行っている。

開発にあたって三菱重工は、取引先の企業に対して、航空宇宙業界の標準要求の「JIS Q9100」に加えて、独自の規格を要求している。品質マネジメントシステム（MSJ4000）だ。

要求を満たした製品を作る取引先企業に三菱重工が承認を与え、部品の製造や加工などを依頼する。

戦闘機のF2や、ボーイング787、ロケットのH2A、H2B、2015年11月に初飛行を成功させた国産飛行機「ＭＲＪ」など、高い性能が国から求められる航空機や武器について、下請け企業にＭＳＪ４０００の取得を求める。

三菱重工のホームページによると、独自規格を承認された材料や装備品、物流や商社、設計や加工などの取引先は、国内に約４３０社、海外約２３０社で、総計約６６０社にのぼる（２０１5年4月現在）。

また三菱重工は、この規格に合った性能を要求するのにあわせ、武器などの開発にたずさわる下請け企業には厳しい守秘義務を課しており、マスコミへの対応を含めて、厳重な情報統制、管理も行っている。実際、ＭＲＪの取材には快く応じてくれた関連企業も、テーマが武器輸出だと伝えると次々に断ってきた。その取材拒否の数に、私は三菱重工の情報統制のすさまじさを感じた。

この厳しい情報統制と、高度な規格をクリアした関連企業が参加しているのがＸ２だ。ある三菱重工の下請け企業の男性はそっと教えてくれた。

「民生の部品だけを引き受けて、軍用だから断るということはできないのです。企業の判断はまったく通じないのです」

このころ私は、三菱重工など大手の下請け企業で働く人の生の声が聞けないかと、直《じか》あたりや電話取材など、多くの取材申し込みをした。が、基本的には、どこも「大手の企業から守秘義務があり、取材には応じるなと言われている」と丁重に、時に「あなたこの業界のルールわかってないね。言えないものは言えないんだよ！」と怒られながら、繰り返し断られた。

しかし、人を介してさまざまな企業にアクセスするうちに、とある企業の男性が応じてくれた。油で汚れた手を工場にあるタオルで拭きながら話をしてくれた。

「戦闘機や航空機などは、設計から生産管理、品質保証までの検査が厳しいよ。繊細な作業が必要で、不良や不適合というのは許されない。返品も多いしね。99・9％が規格に適合していても、残り0・1％でダメになることもしょっちゅうだよ。保険にも入っているけど、品質記録は30年間、管理されていて、上の企業からは度々チェックを受けている。正直にいってしまうと、積極的にやりたいわけではないね」

ようやく本音を聞き出せた、と私はホッとした。

進まない武器のファミリー化

多くの防衛関連の下請け企業を束ねる三菱重工にも壁があった。

三菱重工は、装甲車や野戦救急車などで共通の車体を使う「ファミリー化」を積極的に進めている。

海外では1970年代より、武器の高コスト化と、故障に迅速に対応するため、歩兵戦闘車（歩兵を輸送し、かつ戦闘も行う大型車）などを基に、ほかの戦闘車両を作る車体の「共通化」が一般的だ。これを一般に「ファミリー化」という。ヨーロッパなどでの流れを受け、日本でも1990年代に一時期、ファミリー化が検討されたが、防衛省は「既存車両をすべて置き換えるには費用がかかり過ぎる」「性能が各車両に合うかわからない」と導入を見送ってきた。

防衛装備庁は、このファミリー化について、2016年4月時点でも「まだ検討中で具体的な案は出ていない」と話すが、三菱重工はその遥《はる》か先をいく。ファミリー化によって開発費を低コスト化させ、国際的な武器市場に対応するのが狙いだ。

日本企業が製造する武器価格は、国際的な価格の3～8倍ともいわれる。その最大の要因は、限られた数の企業が、防衛省という顧客だけを相手に武器を開発、納入してきたためだ。量産体制につながらず、開発費が膨れ上がっていった。

新三原則により、海外に向けて武器輸出を進める上で、低コスト化は必須《ひっす》条件だ。国際的な武器市場で生き残るために、より生産性が高く、コストの低い武器の開発、製造が求められるようになったのだ。そうした観点から、ファミリー化を進めたともいえる。

三菱重工の幹部は世界の武器市場に向けての焦りを隠さない。

「市場が広がり、会社として海外の流れに対応した装備品を開発していかないと、新たな市場に対応できません。このままでは取り残されてしまいます」

15年2月、三菱重工は、この「ファミリー化」を前提とした新型の八輪装甲車（歩兵を輸送する八輪の大型車）の入札に参加した。自衛隊に納入するものだ。しかし、落札したのは小松製作所だった。落札額は、装輪装甲車4台と機材など一式で19億6500万円だった。

防衛省艦船武器課（現防衛装備庁事業監理官）は、ファミリー化の効果に対しては懐疑的だ。

「入札では2社の装甲車はともに防衛省の要求性能を満たしていましたが、三菱重工の価格が2、3割ほど高かった。『ファミリー化』は、入札の利点としてまったく考慮されませんでしたね」

とはいえ防衛省は、新三原則決定後の14年6月、発表した「防衛生産・技術基盤戦略」

のなかで、戦闘車両について、多品種少量生産を改め、部品や車体の共通化を進めることを初めて打ち出している。当面は、装輪車両（車輪の付いた大型車）でファミリー化を試み、これがうまくいけば装軌車両（車輪ではなくキャタピラー式の大型車）への拡大も検討していきたいとしていたのだ。

しかし、先ほどの入札結果を見ると、防衛装備庁のファミリー化方針は、ほとんど進展していないといえる。

なぜ、日本ではファミリー化が進展しないのか。

防衛装備庁がファミリー化に消極的なのは、それをすれば、防衛省の天下り先のある取引先企業に仕事を振り分けられなくなるからだ。逆に、もっと早くファミリー化していれば今ごろは、装甲車メーカーは1社に集約されていた可能性が高く、欧米に比べると日本は、30〜40年は遅れているとされる。

防衛省と企業は、蜜月《みつげつ》関係を見直し、低コストで生産性の高い武器を開発する姿勢こそが求められているが、現実は、いまだ防衛省と大手防衛企業との蜜月関係は続いており、コスト削減のためのファミリー化が推進されている様子はない。

海外が熱視線を注ぐ日本の電子技術

国内のさまざまな企業が荒波にもまれる一方で、日本の民生技術に熱視線を注ぐ海外の国も多い。

防衛装備庁の堀地徹装備政策部長は、輸出が期待できるものをこう予測した。

「防護服やロボットなどの防衛装備品、半導体やセンサーなど民生から軍用への転用が可能な汎用《はんよう》品に限定されるでしょう」

確かに欧米各国の軍事関係者が熱い視線を送るのは、日本の電子機器などが持つ民生技術が主だ。

新三原則後に初めて行われたイギリスとの交渉では、欧州の大手軍需企業ＭＢＤＡが開発を手掛けるイギリスの空対空ミサイル「ミーティア」に三菱電機が参画する案が浮上。イギリスは敵の戦闘機を捉《とら》える赤外線レーダーの素子に、三菱電機が開発した「窒化ガリウム（ＧａＮ）」の利用を検討している。

また、宇部興産が開発した１８００℃以上の耐熱性を備える「チラノ繊維」は、金属と比べ軽量で航空機のエンジンなどでの利用が見込まれる。チラノ繊維は、電磁波を吸収しやすくレーダーの探知を受けにくいため、アメリカが主力戦闘機として使うステルス戦闘機「F22」でも2000年ごろには採用されている。欧米の軍需関係者が注目する技術の一つだ。

パソコンや液晶ディスプレーなどでも高性能なものは、軍事利用を視野に、海外の政府や軍関係者が視線を注ぐ。

日本の民生技術が、海外の防衛産業に流出することに不安はないのか。知らない間に想定していない武器に使われてしまう恐れはないのか。

経産省の幹部に聞くと、いつもどおりの自信を見せた。

「汎用品は、毎年、輸出許可や基準の見直しを行っており、新三原則ができて基準が緩むわけでは決してない」

一方で警鐘を鳴らす専門家がいた。日本の民生技術の軍事転用の歴史に詳しい軍事評論家の前田《まえだ》哲男《てつお》氏だ。過去に日本の技術が紛争を拡大させた事例を指摘、「新三原則で同様のことが再度、起きかねない」という。

ベトナム戦争の末期には、アメリカ軍がソニーの開発したビデオカメラをスマート爆弾の誘導部に装着。レーザー誘導兵器に利用された。爆撃機から投下後の落下状況がスクリーンに映し出され、誘導係が目標物まで導くやり方だった。これにより、アメリカ軍は北爆で多大な成果を上げた。

また、本州四国連絡橋が船のレーダーをかく乱しないよう開発されたＴＤＫの磁性材料入り塗料の「フェライト」でも類似の事例が起きたとされる。

１９８１年、アメリカ軍がＴＤＫにフェライトを塗料に混ぜて作ったサンプル提供を求め、半年後、通産省（現経産省）がアメリカへの輸出を認める。そして10年後の１９９１年、湾岸戦争でアメリカ軍はステルス攻撃機を投入。その実用化において、フェライトは大きな役割を果たしたといわれている。ステルス攻撃機は、その後、アメリカ軍が介入した世界のあらゆる紛争地で利用されている。

前田氏はこれらの例を説明しながら、日本がとるべき道筋を示してくれた。

「フェライトのように日本が、アメリカの武器への転用を想定しながらも暗黙の了解で輸出を許可したものもあります。ソニーの例を見れば、民生技術がどう軍事転用されうるかを完全に予測するのは難しいでしょう。民生技術の輸出には国民的な議論と透明性のある審査体制が不可欠なのです」

民生の赤外線カメラのレンズなど、一見すると民生利用のイメージしかわかないものも、軍人の視点から見れば、暗闇での敵陣の監視に欠かせない武器だ。

トヨタのランドクルーザーは民生品として輸出されているが、過激派組織「イスラム国」（ＩＳ）がトヨタ車を乗り回す映像がニュースなどで世界を駆け巡っている。その映像を見ると、あらゆる民生技術の軍事転用を未然に察知し、防ぐことは不可能に近いのかもしれないと思ってしまう。

しかし、フェライトのようにアメリカ軍の使用を黙認したケースがあることを考えれば、現在、日本政府が「適正に行っている」とする武器輸出管理についても、私たちはもっとその審査体制や許可の理由に厳しい目を向ける必要があるのではないか。また輸出に際して十分な情報開示がなされているのかといった、武器輸出の審査体制についても、繰り返し疑問を政府に投げかけていくべきだろうと感じた。

「そもそもどういう国になりたいのですか？」

新三原則を閣議決定して以降、日本の政府も企業も武器輸出への道を突き進んでいるように見えるが、実際の現場には大小さまざまな問題が山積しているのがわかってきた。そのどれもが解決は容易ではなく、山積みのまま進まざるを得ない状況だ。立ちすくむ中小企業の経営者たちの姿が浮かび上がってくる。

武器輸出三原則の見直しは、政財官挙げての悲願だったはずだ。なのになぜ、企業からは戸惑いの声が聞こえてくるのか。

そんなおり、欧米の大手軍事企業の男性幹部と話す機会があった。

彼は、「いま一番、軍事企業が儲けているのがなにか知っていますか」と私に問うた。

「ミサイルと弾薬ですよ。中東がほとんど戦争になっているからです。サウジもシリアもイエメンもそうですね。弾がたくさん使われているのです。精密誘導弾は大増産ですよ。日本も弾を造っているダイキンなどが『売ります』といえば、サウジ、UAEなどはどんどん買うでしょう。でも、それは現在の日本の世論が許しませんね、だから売らない。でも武器輸出でいいとこどりはいずれできなくなりますよ。日本が共同開発を進めたがっている潜水艦も魚雷を撃つし、戦車も弾を撃つでしょう。やるなら全部、批判を覚悟でやらないといけないのです。

それでも日本は、武器輸出への覚悟があるのか。防衛はそれほど儲からないし、日本がこんなことに踏み出す必要はないでしょう」

目が開かれる思いだった。武器の経済構造に思いをはせた。そこから目をそむけていたつもりはなかったが、改めて武器輸出が抱える問題を直視せざるを得なかった。

当たり前のことだが、防衛企業がなぜ儲かるか。もちろん、直接的に殺傷能力のない防衛装備品もあるだろう。しかし、前述したように知らない間にそうなる可能性はある。それを明確に取り締まる法律もないのだ。

さらに彼は驚きの事実を告げた。

「欧米の軍事企業トップは、アルカイダの暗殺者リストに常に載っており、海外に行く際は、いつも警護要員をつけています。専業メーカーだから当たり前でしょう。社員はみんな、そういう会社と思って入社してきます。

国民にはある種の尊敬の念を持たれているのです。国益を守ってくれていますからね。働いている人自体も、国益を守る軍人が戦う際に優位に立てる武器を造るんだと誇りを持っています。自由な世界を守るんだという意識があるのです。日本にはそういうメンタリティーはまったくないでしょう」

私は何も答えることができなかった。

別の機会には、ある欧米系の軍事企業幹部からも同様に批判を向けられた。

「日本の明治時代は『坂の上の雲』じゃないけど、軍人はエリートでしたね。でも戦争に負けた。日本の将来を考えると、今後、そんな場所（中東諸国など）に行くの？　武器を売るの？　と思ってしまいます。

そもそもどういう国になりたいのですか。

たとえばもし日本が武器輸出を契機に、将来、常任理事国入りを目指すとしたら国連軍が必要になりますね。そうしたらそこに軍隊を出さないわけにはいかなくなります。

武器輸出の以前に、日本はその上にある『国家をどうするか』ということが整理されていないのではないでしょうか。そこの議論を経ないまま、手法論に入ってしまっている。そんな中で国民も防衛企業の人たちもみんなもやもやしているという状況なのだと思います」

日本人がこの国をどうしていくのかを考える前に手法論に入ってしまっているという指摘は耳が痛い。

日本の国家、国民がどうあるべきかということを一番に考えるべき私たち日本人が、なぜかその話題を避け、「欧米列強に倣え、進め」と武器輸出推進の道に歩みを進めている。彼の指摘は、私の胸に何度もこだました。

これまでの日本の歴史を踏まえ、武器輸出が国の内外にわたって将来に及ぼす影響、この国の未来の姿に思いを馳《は》せ、武器輸出の是非を考え続けていく必要があるのだと感じた。

防衛省が検討する手厚い支援策

これまで見てきたような武器輸出への不安や不満を企業が抱えているのを、防衛省は当然把握している。その思いを払拭《ふっしょく》し、武器輸出を本格化させるべく、多彩な支援策の検討を本格化させている。

ある防衛装備庁幹部は現状を把握した上で、対策についてこう答えた。

「新三原則を打ち出しましたが、積極的に武器輸出に乗り出そうとする企業は正直、あまりありません。経済支援策を整えて、大企業が武器輸出に積極的になるよう促していきたいと思います」

幹部の発言によれば、融資や補助金の割り当てだ。メインとなるのは中小企業ではなく、「武器輸出の先陣を切る大企業だ」という。

さまざまな政策の検討は、防衛省の武器輸出政策を話し合う有識者会合「防衛装備・技術移転に係る諸課題に関する検討会」（政策研究大学院大学学長・白石隆座長）で行われた。

検討会で検討された案は、

企業向けの資金援助制度の創設……（1）

輸出促進のための整備……(2)
武器輸出版ODA(途上国援助)……(3)
武器輸出を財政法の例外扱いとする法律の制定(特例法)……(4)
武器輸出企業への新しい貿易保険……(5)
などである。それぞれを簡単に見ていくことにしたい。

(1) 新たな資金援助

資金援助制度については、財政投融資制度などを活用したものが考えられている。次のような枠組みだ。

まず、国が出資して特殊法人や官民ファンドを設立。この特殊法人などが債券を発行し、調達した資金などを財源に、武器輸出を行う企業に長期で低利融資できるというものだ。財源はほかに、国が保有する株式などの配当や売却益なども視野に入れている。

ところでこの「財政投融資」とはなにか。

国が財政政策の一環として行う投資や融資で、「第二の予算」ともいわれる。かつては郵便貯金などの資金を旧大蔵省が運用、配分していたが、2001年の財投改革で廃止された。

財投の特殊法人などは、現在でもよほどのガバナンスがないとしっかりした経営は難しく、官僚の新たな天下り先を作ることにもつながる。財投で現在、乱立する官民ファンドは官と民が混在し、モラルハザード（倫理観の欠如）が起きており、さらに問題だといわれる。武器輸出企業だけの利益になるなら財投は使えない。財投による支援が、本当に国民のためになるのか、チェックが必要になる。

（2）輸出への整備

輸出した武器を相手国が使いこなせるよう訓練したり、修繕・管理を支援するものだ。武器輸出を進めるには、販売にとどまらず、定期的な整備や補修、訓練支援なども含めた「パッケージ」が必要とされる。実際、海上自衛隊が使う救難飛行艇（US2）にインドが関心を示したが、日本に補修や訓練などを含めた販売ノウハウがないことが障害となっており、インドへの武器輸出は実現していない。

このため相手国の要望に応じて、退職した自衛官などを派遣し、訓練や修繕・管理などを行う制度などを整備することについて検討されているのだ。

（3）武器輸出版ODA

武器の購入資金を発展途上国などに低金利で貸し出すほか、政府自らも武器を買い取り、相手国に贈与する案も出ている。政府開発援助（ODA）とは別の枠組みとする方針だが、事実上の武器輸出版ODAといえる。

援助は、有償援助を軸に検討が進み、国が出資して特殊法人を新たに設立。この特殊法人が、金融市場から資金を調達し、武器購入に必要な資金を低利で相手国などに貸し出す仕組みだ。

さらに途上国などに贈与する無償援助制度の創設も議論されている。他国の軍や軍関連機関に自衛官を派遣し、人道支援や災害救援、地雷や不発弾の処理などを訓練する防衛省の「能力構築支援事業」を拡充する案が有力視されている。この事業は防衛省の予算により、年間2億円ほどで実施されているが、この予算を大幅に増やして資金に充てるという。

外務省は、防衛省の案に対して懸念を示す。

「軍事目的の援助は、従来と同様に禁止している。『国際紛争を助長しない』とするODAの原則からして、殺傷能力の高い武器にODA予算を使うことは考えられない」

それに対し、防衛省はこう切り返す。

「ＯＤＡの枠外で防衛省として途上国に武器購入資金援助を行う枠組み作りを考えたい」

（４）武器輸出のための特例法

新興国に対し中古の日本製の武器を無償ないし、低価で提供するための法律だ。

国の財政法第九条では、「国の財産は法律に基づく場合を除き、無償または適正な価格なくして譲渡することはできない」と定められており、中古装備品を無償、低価で譲渡する場合は、特別措置が行えるよう特例法を制定する必要がある。

国連平和維持活動（ＰＫＯ）支援などで、他国に重機や地雷探知機などの防衛装備を提供した際は、特別措置法を制定した。提供時期や対象を限定し、無制限に武器が移転されないように歯止めをかけてきた。

しかし防衛装備庁は、武器の操作や整備、補修などを通じ、自衛隊が他国の軍人と交流を深めることは、日本とその国との安全保障そのものを強化させると意義を強調している。

（５）貿易保険

いままでの保険では引き受けられないリスクをカバーするために、武器を輸出する際に適用する保険だ。これまでは独立行政法人の日本貿易保険（ＮＥＸＩ）が、日本企業の海外でのインフラ整備や資源事業などで活用してきた。

現在の貿易保険法は、２０１５年７月に参議院本会議で改正案が可決し、新法ではＮＥＸＩに巨額な損失が生じた場合は、政府が必要な財政上の措置を講じることができる。これは裏を返せば、防衛企業の損失を国民が負担することになる。

防衛省の幹部によれば、具体的な武器輸出の案件が出てきたときに、国家安全保障会議での議論を経て、貿易保険の適用の有無を判断するとする。

以上のようにさまざまな制度の検討が進むなか、「貿易保険適用」の第１号案件として注視されていたのが、オーストラリアでの潜水艦建造事業だ。

２０１４年４月に、オーストラリアと日本は船舶の流体力学分野に関する共同研究を進めることに合意。水面下で日本の「そうりゅう」型潜水艦のオーストラリアへの輸出について、画策していたのだ。

しかし16年４月、オーストラリアが発表した提携相手は日本ではなく、フランスだった。

第3章　潜水艦受注脱落の衝撃

機密の塊を外国へ

新三原則の制定後、防衛省や三菱重工が試金石と考えていたのが、オーストラリアの潜水艦事業の受注だ。総事業費は500億豪ドル（約4兆2000億円）といわれ、その額の大きさに加え、大型の武器としては初めての外国との共同開発であり、繊維や部品などパーツの武器輸出ではなく、ほぼ完成形の武器を海外に日本が初めて出すという意味で、日本の武器輸出推進への本気度と、大型の武器そのものの性能を世界にアピールできる機会とも捉《とら》えられた。

私が知る限り潜水艦の受注計画が持ち上がったのは2013年末ごろからだ。その後しばらく、私はこの件をそれほど深刻に捉えていなかった。防衛省や防衛企業を取材する限りでは、実際の受注は難しいのではと感じていたのである。というのも、防衛省も企業側も当初、オーストラリアへの潜水艦の輸出にそれほど積極的ではなかったからだ。

2014年5月、防衛装備庁装備政策部長の堀地徹氏に聞くと、こう話した。

「潜水艦は潜れる深さや溶接技術など、機能そのものが国防機密にあたるため、中古も含めて輸出するのは不可能です。オーストラリアとの船舶技術に関する共同研究も、日本の技術の一部を提供できるか否かという限定的なものにとどまる」

新三原則の下での武器輸出については、次のように述べた。

「大型の完成品としての武器ではなく、防護服やロボットなどの防衛装備品、半導体やセンサーなど民生から軍用への転用が可能なデュアルユース（軍民両用）品に限定されると思う」

その前月に、オーストラリアと日本は船舶の流体力学分野に関する共同研究協定を結ぶことに合意していたが、そのあとの発言だったので、私はほっとしていたのである。

堀地氏がいうように、実は潜水艦はその言葉の響きだけでは想像がつかないほど、最先端の技術が盛り込まれた武器であり、国家機密の集約ともいえる。このことを教えてくれたのは、ある海上自衛隊のＯＢだ。現在は防衛企業の幹部となっている。

「潜水艦はハンドルも弁も全部機密の世界です。たとえば艦内のパイプのつなぎ手があるね。その鋳物は普通の鋳物技術ではできない。どんなに硬い潜水艦をつくってもこの鋳物技術が、すべての潜航深度、爆雷への衝撃耐力を決めてしまうんです。

潜水艦用のリチウム電池も秘密の塊だね。あれを、出してしまってもいいものなんだろうか。

それから潜水艦には、音が出ないポンプがある。あれは民間では使っていないものです。ポンプ類はそこを実際に開けてみればすぐ、音が出ない理由がわかる。ポンプの設計書を基に、音の出ないポンプで特許を申請したらその瞬間に、音が出ない理由もばれてしまうから、特許も取れない秘密の部品なんだ」

それほどの技術の集約である潜水艦を、技術流出を防ぐ方策も決まっていないのに積極的に輸出するわけがないだろう、まさかとも思っていたのである。

世界で急増する潜水艦の輸出

スウェーデンのシンクタンク「ストックホルム国際平和研究所（SIPRI）」によると、潜水艦の技術は近年、より軍事上の戦略において欠かせない要素になってきている。多くの潜水艦は、数週間にわたって連続潜航でき、長射程での発射が可能な対艦ミサイルや魚雷、地上攻撃ミサイルを備える。また地上での敵レーダーに探知されない「ステルス攻撃」を可能にしている。

2006～15年までの間は、潜水艦の武器輸出は、中国、フランス、ドイツ、ロシア、韓国、スウェーデンで独占されていたが、そこに15年、日本が加わったのだ。ちなみに、アメリカとイギリスは輸出を許可していない原子力潜水艦のみを建造しているため、武器輸出に名乗りを上げていない。

11〜15年を見ると、16隻の潜水艦が武器として輸出された。

ドイツは3隻をギリシャに、2隻をコロンビアとイスラエルに、1隻をイタリアと韓国に輸出している。

ロシアは4隻をベトナム、1隻をインドへ。

スウェーデンは、2隻をシンガポールに輸出した。

2015年末の時点では、世界で48隻が輸出される契約が締結されたという。

ドイツは6隻をトルコに、5隻を韓国、4隻をエジプト、2隻をシンガポール、1隻をギリシャ、イスラエルとイタリアに輸出する予定だ。

ロシアは、2隻をアルジェリアとベトナムへ。

フランスは、6隻をインド、5隻をブラジルへ。

中国は8隻をパキスタンに、2隻をバングラデシュへ。

韓国は3隻をインドネシアへ。

数はそれほど多くないが、これまでに比べれば増えてきているのは確かだ。潜水艦の武

日本が輸出を目指していた「そうりゅう」（提供　朝日新聞社）

器輸出国は多様化し、潜水艦の総数は世界的に見ても2012年で43カ国、計513隻にまで達し、急増の一途を辿《たど》る。アジアの潜水艦は1990年の176隻から2015年には229隻と急増している（イギリスの国際戦略研究所「IISS」より）。

必死さを見せる三菱重工

オーストラリアの潜水艦受注に話を戻そう。日本が潜水艦受注に名乗りを上げたころ、オーストラリアの首相は親日派のアボット首相だった。日本国内の慎重ムードのかたわらで、2014年4月には日本で日豪首脳会談、6月には日豪外務・防衛閣僚協議「2＋2」が行われていた。

7月にはオーストラリアで日豪首脳会談が行われ、安倍首相とアボット首相の間で、「日豪防衛装備品・技術移転協定」の署名が交わされた。そして水面下では、日本の「そうりゅう」型潜水艦のオーストラリアへの輸出について、オーストラリア側が非公式に打診を繰り返していたようだ。

しかしこの段階に至っても、防衛省幹部は慎重な姿勢を見せ続けていた。

「機密の塊である潜水艦の輸出はハードルが高すぎる」

同時期、アメリカの政府高官も否定的な見方をしていた。

「オーストラリアの政権が主張するように、潜水艦をオーストラリア国内で作らせることは認められないだろう。万一、日本の通信・装備品関係の技術が流出した場合、アメリカ軍が危険にさらされる可能性もあるからだ」

潮目が変わったのは14年11月、オーストラリアのジョンストン国防相が、「自分ならASC（オーストラリアにある造船企業）にカヌーだって発注しない」と、日本の潜水艦購入を決めたかのような発言を行い、雇用率が悪化している中で国民の不評を買ってからだ。アボット首相率いる自由党は直後のヴィクトリア州の州議会補欠選挙で敗北する。

年が明けた15年1月ごろは、失業率が6％台と高止まりしており、アボット首相への批判は、さらに高まっていく。

「日本から潜水艦を輸入するというアボット首相の案では、オーストラリアでの雇用が生まれない」

オーストラリアの世論からの反発が始まった。2月には、自由党内で潜水艦購入をアボット首相が独断で行い、オーストラリアで建造するとした選挙公約を破ろうとしているとの党内批判も巻き起こった。アボット首相は、議員団に辞任動議を出される事態にまで追い込まれる。同じ月、アボット首相は、潜水艦事業について、競争入札に近い形で行い、日本、ドイツ、フランスに参加を呼びかけると発表する。

以降、「オーストラリアは日本の潜水艦が欲しいのだ」と高をくっていた日本もオーストラリアの国内情勢の変化を察知し、少しずつだが必死さを見せていく。

8月には、防衛省と三菱重工、川崎重工との20人の官民合同チームが結成され、アデレードで初めて現地説明会を行った。

10月、防衛省の官房審議官である石川正樹氏は、シドニーの現地説明会の折に受注への日本政府の本気度を示した。

「日本は潜水艦を（日本ではなく）オーストラリアで初日から建造できると確信していま

す」

説明会では、特に雇用への貢献について力がこめられた。オーストラリアに4万人の雇用を創出し、技術者300人の訓練センターも設置するとした。また、整備や補修などでも長期間にわたり日本が協力していくことや、オーストラリアを取り囲む広大な海で海軍が対応できるよう、「そうりゅう」型の全長を6～8メートル延長することなども伝えられた。

現地のオーストラリア企業に対しては個別の相談ブースも設け、日本との共同開発でどのようなメリットがあるのかなどを具体的に伝えるなど、至れり尽くせりという感じだった。メルボルンでも同様に説明会が開かれ、11月にはアデレード、パース、ブリスベンの三都市でも現地企業への説明が熱心に行われた。

三菱重工幹部は「こちらの必死さが伝わったのか、オーストラリアの現地企業からは、おおむね、好感触を得られた」とうれしそうに話していた。

16年2月には、三菱重工業の社長である宮永俊一《みやながしゅんいち》氏が、防衛省と共同開発を担う民間のトップとして、初めてオーストラリアに乗り込んだ。

宮永氏は社長就任時、三菱重工として「5兆円企業の達成」を明言し、M&Aをはじめ、積極的な海外での事業展開を手がける。今後は、民需だけでなく、軍需の面でも世界の市場にこたえていこうとする意思表明のようでもあった。

「日本の防衛産業の技術力を維持するためにも、友好国との仕事や交流は非常に重要です。日本は（潜水艦を）1隻目からオーストラリアで建造することを喜んで受ける用意があります。『そうりゅう』で証明された信頼性と性能の良さは日本の強みです」

宮永氏は、造船業が盛んなアデレードなどの都市も巡り、オーストラリアの政府関係者や議員とも接触、受注への意欲を繰り返し伝えた。

オーストラリア世論へのアピールも怠らなかった。現地の地元紙には、潜水艦の写真を付けた全面広告を掲載。

「SHARING TECHNOLOGY FOR A MORE SECURE AUSTRALIA（オーストラリアのさらなる安全のために、技術を共有します）」

4月には、海上自衛隊が潜水艦のアピールのため、そうりゅう型潜水艦「はくりゅう」2隻を護衛艦とともに、オーストラリアのシドニーへ派遣、オーストラリアの海軍・空軍との共同訓練も行った。

海上自衛隊幹部は、

「潜水艦の寄港は、人も予算もかなりかかった。それでも受注のためには、日本の誇る潜水艦を見てもらい、共同訓練においても、日本がオーストラリアと連携して安全保障に取り組む姿勢をアピールしたかった」

と息巻いた。

それにしても大転換だった。慎重姿勢から一転、社長自らの現地アピールである。他人事《ひとごと》ながら、防衛省にいわれ、ひたすら潜水艦アピールの準備をすることになった企業もさぞや大変だったのではないか。

ある大手防衛企業の幹部は、のちに取材でこう教えてくれた。

「日本の武器輸出解禁の動きはあまりにも早くて、アメリカのような枠組みや支援体制をつくる時間がないんです。そんな中で防衛省や経産省が、防衛企業にとにかく『売れ、売れ、売れ』とやっているわけです。

『こういう資料をつくれ、ああいう資料をつくれ』と言われて、政府に言われたことには絶対に反対できないから、我々も一生懸命に資料をつくって出すわけです。ただ実際にそれをやっても海外とは商習慣が違うから非常にリスクがあると思いますよ」

オーストラリアと中国の急接近

日本の防衛省や防衛企業の積極姿勢をよそに、オーストラリア国内でのアボット首相への逆風はやまなかった。2015年9月にはついに退任へと追い込まれ、新たにターンブル氏が首相に就任する。ターンブル氏は親中派として知られ、外交顧問には中国大使だったフランシス・アダムソンを起用、新聞記者として北京特派員を務めたジョン・ガーノーを報道担当補佐官に起用するなど、中国重視の体制にシフト、国内の雇用増を最優先課題に挙げた。この交代劇で、日本に対する風向きが一気に変わる。潜水艦受注の日本有利とされる状況は一変し、事実上の「白紙状態」となったのだ。

10月には、オーストラリア北部の準州であるノーザンテリトリー政府が、年間100隻以上の軍艦が行き来するオーストラリア北部ダーウィンの港を、中国企業の嵐橋集団に99年間、5億豪《ドル》（約440億円）で貸し出す契約を行った。

防衛の拠点となる港を中国に貸し出すことを決めたこのニュースは、日本の防衛関係者を戸惑わせた。

潮目が変わったことを感じさせる状況で、ターンブル首相は、16年7月に上下両院のダブル選挙を行うことを決断。潜水艦の事業での選択も迫られていた。

それに対し、日本側はあせりもあったのか、16年2月、オーストラリアの有力紙「オーストラリアン」の取材で防衛副大臣の若宮健嗣《わかみやけんじ》氏はおどろきの発言をする。機密度の極めて高いステルス技術の輸出にも含みを持たせたのだ。

「日本の『そうりゅう』型がオーストラリアの次期潜水艦に選定されたら、ステルス技術を含む機密をオーストラリアと共有します」

三菱重工は受注に向けて、4月の人事異動で優秀な社員を潜水艦などの造船部門に新たに配置するなど武器輸出に向けての体制作りを強化した。

親中派のターンブル首相が就任し、中国とオーストラリアが急速に接近していることに対し、不安を抱く声も多く聞いた。前述の港の貸出も急接近の一つといえるが、目に見えないところでも危機が迫っていた。

オーストラリアの有力紙「オーストラリアン」や複数の地元紙が2015年11月、日本、ドイツ、フランスに対し、中国、ロシアが過去数ヶ月の間、潜水艦を狙ったサイバー攻撃を仕掛けていると報道した。日本のある大手の防衛企業も「中国からのサイバー攻撃はたえず受けている」と語る。

「オーストラリアン」の取材にドイツの関係者はこう証言している。

「潜水艦の建造拠点になっているドイツの都市キールで一晩に30〜40回のサイバー攻撃があった」

また複数のオーストラリアの地元紙では、ドイツの大手機械メーカー「ティッセンクルップ」のコンピューターからオーストラリアの潜水艦に関する機密情報を盗み取ろうとする動きがあったと伝えている。いずれも機密などが漏えいした可能性は低いとしている。

オーストラリア統計局によると、2015年時点でオーストラリアには45万人が中国から移住、ここ10年で中国移民の数は倍以上になった。オーストラリアの国別輸出先では、中国はトップで輸出入全体の4分の1を占め、オーストラリアの鉱石や石炭は二大輸出品となっている。堅調なオーストラリア経済は、中国の強い鉱物資源需要に支えられているのは事実だ。

日本への武器輸出が決まれば、日本―アメリカ―オーストラリアの「中国包囲網の形成」が可能となり、それに対して批判的な意見もオーストラリア国内では強いのだ。

ある海上自衛隊のOBはそのことについて教えてくれた。

「安全保障面で安倍首相の言う『美しい世界』から見ると、中国を含む周辺国が潜水艦を持ち始めていますね。その点から見ても、わが国の防衛にとって極めて重要な潜水艦を使い、日米豪と協力するということは重要なのかもしれません。

潜水艦は日本の持つ最高の技術といえます。それを出すということは、オーストラリアを信じているというメッセージです。でも一方で、オーストラリアは非常に中国に近いのです。

オーストラリアでは法律上、共同開発したものはすべて自国の知的財産として、ほかの国に売ってもいいことになっていると聞きます。もし潜水艦技術が漏れたらどうするのか。もっと知恵を絞って考えないといけないでしょう」

止まない不安の声

オーストラリアで防衛省や大手防衛企業が積極的にＰＲし、ロビー活動を行うかたわらで、日本国内では依然、潜水艦輸出への慎重論が強かった。ほかの武器輸出に関しては前向きな発言をしていた防衛装備庁の官僚や企業の幹部も、こと潜水艦の輸出に関しては、不安や懸念を訴えるのだった。

たとえば三菱重工のある幹部だ。私にいい聞かせるように語ってくれた。

「潜水艦の輸出は、安倍首相とアボット前豪首相による政治的な判断で決まったことです。

だから、一企業としてどうこうできる状況ではありませんでした。

会社としての課題は山積みですよ。たとえば技術者のレベルを見てください。オーストラリアの技術者のレベルは、想像していたよりはよかったですが、それでも日本の技術者の平均と比較するとどうしても劣る。

受注したら技術者を訓練するセンターを設置すると掲げましたが、どの程度の訓練でどのくらいのレベルに教育できるのか、まだはっきりとした見通しはありません」

日立製作所幹部も取材に応じてくれた。眉間《みけん》にはしわが寄る。

「武器輸出ができるといってもメリットばかりではありません。武器を輸出したら、技術が流出する恐れがあります。潜水艦も含め、武器は輸出したあとにほかの国に技術を移転されないような仕組みがないと輸出は正直、厳しいでしょう。いろんな立場の会社がありますが、うちはいまは様子見です」

元自衛官で潜水艦などにも詳しい軍事ジャーナリストの神浦元彰《かみうらもとあき》氏にも話を聞いてみた。

「原発の例を見れば、賄賂《わいろ》やハニートラップなどを含めて、中国はその技術が欲しいとなると、あらゆる手を使って日本人の技術者に接触してきます。オーストラリアへの移民も急増している中国が、もし潜水艦技術を欲しいと思えば、あの手この手で情報の入手を図るでしょう。高度な潜水艦に備わるさまざまな日本の技術が、オーストラリア以外の国に流出すれば、日本の国防そのものが危険に追い込まれかねません」

技術を隠す「ブラックボックス化」や、技術流出への対策が充分でない現状では、日本の安全保障そのものが脅かされ、本末転倒だと指摘した。

取材を重ねるほど、防衛省に潜水艦輸出を迫られる企業の不安の声が浮き彫りになっていった。結局のところ、彼らは本当に潜水艦を輸出したいと思っているのだろうか。推進への思いよりも、武器輸出を行うことで、将来起こりうるだろう技術流出への不安や、武器取引での損失への不安が心の大部分を占めているようにも感じられた。

武器輸出反対ネットワーク設立

危機感は少しずつ共有されていたようだ。反対を訴える市民団体も現れた。

２０１５年12月にはオーストラリアの新しいターンブル首相と安倍首相の首脳会談が行われたが、その前日、潜水艦の武器輸出を阻止しようと、法政大学の奈良本英佑《ならもとえいすけ》名誉教授ら市民が、武器輸出反対ネットワーク「ＮＡＪＡＴ」（杉原浩司《すぎはらこうじ》代表）を立ち上げた。

会見した杉原氏はこう訴えた。

「日本はこれまで武器を輸出しない国として世界に誇ってきました。しかし、いまアメリカ、オーストラリア、インドとともに中国を意識した安保体制づくりが進んでいます。武器輸出は、世論の大半が反対なのに民意が可視化されていません。いまこそ武器を輸出するなと訴えることが必要なときです」

賛同人には池内了《いけうちさとる》・名古屋大学名誉教授、ルポライターの鎌田慧《かまたさとし》氏ら19人が名を連ねる。また、同席した日本国際ボランティアセンター・パレスチナ事業担当の並木麻衣《なみきまい》氏は、紛争地の現状を伝えた。

「パレスチナの現状を見れば、最新兵器を国家がどう使っても正しく使えず、多くの市民が巻き添えにされます。(武器輸出で命を)奪うことに加担したら、いくら日本が人道的な支援をしても意味がありません」

中東の紛争地の取材を続けるフリージャーナリストの志葉玲《しばれい》氏は、イスラエル軍に目の前で両親を殺された少女の訴えを伝えた。

「『日本の人はみんないい人たち。どうか武器を世界に売らないで、私たちを殺さないで』。武器輸出を進める防衛省職員には、実際に紛争地を目で見て、彼女たちの声を聞いて欲しい」

さらにオーストラリアの「戦争防止医療従事者協会」（MAPW）会長のマーガレット・ビーヴィス医師の声明も読み上げられた。

「潜水艦輸出は、日本が長年守ってきた武器輸出禁止の原則を破り、新たな軍産複合体の台頭を助長しかねず、日本の再軍備を加速させます」

4・26ショック

そして2016年4月26日。その日は突如としておとずれた。受注先が発表されたのだ。

オーストラリアのターンブル首相は記者会見し、次期潜水艦共同開発の相手を「フランスに決めた」と発表した。ターンブル首相は、原子力潜水艦を転用するとしたフランスの提案を「オーストラリアが求める独自の要求をもっとも満たしていた」とし、「潜水艦の選定委員会、オーストラリア国防省、専門家による結果は明らかだった」と、フランス案の評価が突出していたことを明らかにした。

日本は世界最高レベルといわれる「そうりゅう」型潜水艦をベースにした共同開発案を官民で提示したが選ばれなかった。しかも名乗りを上げた3カ国（フランス、ドイツ、日本）中、最下位の評価だったとされる。

発表の前、日本側はフランスやドイツと互角か、それを上回るのではという見方が大勢を占めていた。雇用の問題も含めて、オーストラリア側にかなり譲歩しており、納得を得られたという手ごたえもあったようだ。

この潜水艦の受注脱落は日本国内では大きな話題にならなかったが、関係者には大きな衝撃であり、悲痛なニュースとなった。

私は数日後、防衛装備庁におそるおそる取材したが、幹部は文字通り呆然《ぼうぜん》としていた。こちらが質問を向けても、言葉が出て来ず、話がいつものように続かない。たとえば今後の見通しや反省点について尋ねると何度もため息をつきながら言葉をつないだ。

「いや、まだまだ反省はこれからで……。何がいけなかったのかな……。とにかく本当にじっくり考えないといけません。次の輸出に向けて何をどうするかなんて、現時点でまったく見通しはありませんよ……本当に……」

声の力のなさから失意が伝わってきた。そのあまりの落ち込みぶりに私はおどろいた。

このあと大手防衛企業の元へ取材に向かった。企業では慎重論も根強かったがどうだったのか。取材に応じてくれた幹部は深いため息をついたが、現状を冷静に分析していた。

「オーストラリアの首相が、安倍晋三首相と懇意だったアボット前首相から、中国寄りのターンブル首相になった時点でそもそもダメだったのでしょう」

　この幹部は聞いた話であると断った上で、こう話した。

「当初アメリカは日本の潜水艦を後押しするため、水面下でオーストラリア政府に、『ヨーロッパの潜水艦を選んだら、アメリカ製の最新の戦闘システムを入れさせない』と伝えていたといいます。我々もそう理解していました。

　ですが結局、アメリカはその方針を転換させた。アメリカ政府関係者と会って日本の潜水艦をアピールしたときに、『日本、ドイツ、フランスはいずれも同盟国。アメリカはどこにも肩入れしない』といっていましたから」


　オーストラリアの公共放送ＡＢＣは、日本落選の理由についてオーストラリアの政府担当者らが「『熱意がない』と話していた」と報道した。熱意がないとはどういうことか？

　私はある欧米系の軍事企業の幹部に取材を申し込み、後日、会う機会を得た。

　その幹部によれば、やはりオーストラリア国内を覆う、雇用の問題が大きかったようだ。

　フランスやドイツの企業は、日本より半年以上前から現地に入り、地元への説明を行っており、街のあちこちにＰＲの看板を掲げていたという。

「だから『日本は熱意がなかった』という言葉が出てきたんだろうね。今回は潜水艦そのものの問題でなく、いってみれば政治的な決着だ」

その幹部が一つ気になることを言った。

「オーストラリアはスウェーデンのコリンズ級潜水艦という使えない潜水艦に大金を支払った苦い経験がある。フランスの潜水艦を購入することで同じ轍《てつ》を踏むことにならなければいいけどね……」

その点に関しては、三菱重工の幹部もこんな指摘をしていた。

「技術者に聞くと、採用されたフランス案は、原子力潜水艦を通常動力型の潜水艦に変えようとするもの、いわば『絵に描いた餅《もち》』です。設計書を作るだけで7、8年はかかるともいわれる。それだけ難しい、まったく別の世界のもの。だから、我々の間ではオーストラリア政府が、やはり日本に造ってくれないかといってくるのではないかとも話している。最後までどうなるかわからない」

不安は解消していない

ともあれ、日本の「そうりゅう」型潜水艦の海外輸出は、いったん棚上げとなった。神戸製鋼所の幹部に取材すると、ほっと胸をなでおろしていた。

「正直ほっとしたところと、がっくりしたところの両方です。もし武器輸出となったら取り組まなければいけない課題はかなりありました。日本政府のリスクに対する保障がはっきりしないなかで、会社として潜水艦事業にシフトするという決断は、ある意味リスクの大きい話です。今後の会社の事業の方向性を大きく左右するものでしたからね」

今回の受注競争では、さまざまな問題がより浮き彫りになった。そのなかでもっとも多く聞かれたのは、技術流出に関するものだ。アメリカは海外に武器を輸出する際、「ブラックボックス化」を行い、技術流出を防いでいる。

一方、輸出経験のないいまの日本には、そのブラックボックス化への対策は皆無だ。この点をある防衛装備庁の幹部に問うた答えに、私は言葉を失ったことがある。

「ブラックボックス化は、潜水艦事業の受注が決まってから検討する」

アメリカには対外有償軍事援助（FMS）という制度もある。

アメリカの企業が日本に武器を売る場合、日本に直接売らずに、アメリカ政府が価格に将来の研究開発費などを含み、利益率を加えて企業から武器を買い取って、日本に売る仕組みだ。補修や整備などでもアメリカ政府は、技術者を武器輸出国に派遣、不具合などの整備・補修を行い、相手国に技術の流出がないかなどを調べている。アメリカ政府は、整備・補修や訓練支援など、人的な交流も一緒にした上で武器輸出を推進しているのだ。

日本では、技術流出についての制度はなく、各社に任されてしまっている。高度な技術が流出してしまっても、何の補償もないのだ。潜水艦の製造に関わる会社は1400社ともいわれている。取材を進めるなかでわかったが、会社の知的財産を武器輸出の際にどう守るかという議論は、どの会社でもほとんどされていない状況だ。

もし潜水艦のような機密を満載した武器を輸出するのであれば、FMSのような企業を守り、技術流出を未然に防ぐための制度を早急に整えるべきだろう。

潜水艦の売り込みに関わった川崎重工の幹部はいう。

「ドイツやフランスのように海外にどんどん売るのであれば、日本も武器輸出用のバージョンをつくらなきゃいけないが、日本はそういう経験はありません。工場で『バージョンを落とすか、もうちょっと手を抜いて悪いものをつくったらどうか』というと、日本の職人たちは『いいものをつくろうと我々は努力しているのに何で悪いものをつくるのだ。そんなものできない』となります。それが日本の職人たちの気質なのです。

そう考えると、そもそも日本は、武器輸出に適した国なのでしょうか」

第4章　武器輸出三原則をめぐる攻防

戦後、憲法九条を掲げ、戦争をしない国造りを目指した日本は、佐藤栄作内閣が答弁で表明した1967年から、武器輸出を原則禁じる武器輸出三原則を歴代内閣が踏襲してきた。

初めてその政策を転換したのは16年後の83年、戦闘機の共同開発で、アメリカへの武器技術の供与を認めるとして例外を設けた。その後も次々と例外が設けられ、政財界を中心に武器輸出三原則の見直し論議が熱を帯びていく。

その流れを受けて、2014年4月に第二次安倍政権が武器輸出三原則を転換したのは必然だったといえるかもしれない。安倍内閣は、一定の条件下で武器を原則輸出できるとする「防衛装備移転三原則」を閣議決定した。

本章では、新たな防衛装備移転三原則ができるまでの経緯について振り返りながら、そのときどきの日本政府や防衛企業、経団連の思惑をさぐってみたい。

朝鮮戦争でいきなりの例外規定

戦後、GHQ（連合国軍最高司令官総司令部）は日本での武器の製造を禁止していたが、転換は終戦からわずか5年で訪れる。1950年に朝鮮戦争が勃発《ぼっぱつ》すると、アメリカは在日米軍を主力として投入せざるを得なくなり、52年3月、日本の武器生産を許可制で認める。戦車の再生や修理、武器装備や弾薬などの武器製造が日本国内で行われ、朝鮮特需となる。53年には初めて、タイへ向けて戦車の砲弾5万発の輸出も認められる。

朝鮮戦争での武器生産の必要性などが生じたことで、52年に経済団体連合会（経団連）の内部に「防衛生産委員会」が設置される。委員会審議室の委員長は、GHQの公職追放令により51年まで永久追放されていた経団連の植村甲午郎《うえむらこうごろう》相談役（当時）、委員には、元海軍中将の保科善四郎《ほしなぜんしろう》、元陸軍少将の原田貞憲ら、多くの元日本軍の幹部将校などが就任した。

審議室委員の肩書きで保科は、日本の再軍備計画を立案、造艦をはじめとする兵器産業の育成をもくろんだ。経団連として、武器産業の育成への提言などをとりまとめ、海外の軍事企業や武器展示会などの視察、海外の軍事動向の調査などを行った。

この委員会は2015年に「防衛産業委員会」と名称が変更されたが、現在も宮永俊一氏（三菱重工社長）を委員長として、経団連の中の一委員会として存在している。

しかし、朝鮮特需が終わり、武器製造の需要が激減すると、防衛企業の武器生産は窮地に立たされるようになる。

そんな折の1956年、海外メディアのUP電があるニュースをスクープした。

紛争中のシリアから日本へ砲弾を輸出するよう要請があり、日本の商社がシリアへの輸出に向けて動いているという。この砲弾はアメリカ規格のものであり、その商社は輸出のためにアメリカに許可を申請したというのだ。アメリカも同意したという。

この報道を機に、武器輸出に反対する世論が過熱、国会でも議論が巻き起こった。

参議院外務委員会では、日本社会党の佐多忠隆議員が、政府に中東への武器輸出について疑問をぶつけた。

重光葵《しげみつまもる》外務大臣は答弁でこう答えた。

「日本の平和外交に反するような結果をもたらす兵器の販売ということは、これは大いに慎重にやらねばならぬ」

参議院本会議では、日本社会党の藤田進議員に対し、通産大臣だった石橋湛山《いしばしたんざん》も、強い言葉で武器輸出を認めない方針を明言した。

「中近東の貿易市場を崩すがごとき武器輸出、わずかばかりの武器輸出によって、全体の貿易を破壊するようなことは、これは通産省としては絶対にいたしたくない」

糸川英夫氏のロケット輸出、そして三原則成立へ

そんな国内の議論に冷や水を浴びせる出来事が発生した。

1959年、東京大学の生産技術研究所（以下、生産研）がメーカーと共同開発した地球観測用の「カッパーロケット」について、旧ユーゴスラビアへの輸出契約が締結されたのだ。商社を介して契約を結んだ生産研は、旧ユーゴの技術者の受け入れも行うことを明らかにした。

開発を担ったのは、ロケット開発の第一人者である糸川英夫《いとかわひでお》東大教授だ。余談だが、2005年に探査機「はやぶさ」が観測、着陸した小惑星「イトカワ」は、この糸川英夫教授にちなんで命名された。

60年12月には、ロケット本体5機と発射設備などを計1億7000万円で輸出すると発表。軍事研究に使わない約束を結んだと報じられたが、その後、ロケットを追尾するレーダーも輸出された。

この件が議論になったのは実際の輸出からしばらくたった65年のことだ。

旧ユーゴスラビアと同様にインドネシアにもロケットや発射装置が輸出されたのだが、隣国のマレーシアが軍事転用の可能性があるとして日本に厳重に抗議したのだ。これを受

けて国会でも議論となり、佐藤栄作首相が67年、輸出を取り扱う輸出貿易管理令などの運用の指針を表明する。

①共産圏諸国への武器輸出は認められない

②国連決議により武器等の輸出が禁止されている国への武器輸出は認められない

③国際紛争の当事国または、その恐れのある国への武器輸出は認められない

「はじめに」でも紹介したが、これが「武器輸出三原則」といわれるものである。

さらに76年2月、三木武夫首相が「武器輸出についての政府の統一見解」を発表する。これはその直前に、自衛隊が使用する救難飛行艇や輸送機などの輸出が国会で取り上げられたためだ。

三木首相はこのとき、こう明言している。

「平和国家としてのわが国の立場から、それによって国際紛争などを助長することを回避するため、政府としては、従来から慎重に対処しており、今後ともその輸出を促進することはしない」

そして佐藤首相の武器輸出三原則に三つの項目が新たに付け加えられ、「武器輸出三原則等」と名付けられる。

①三原則対象地域については「武器」の輸出を認めない
②三原則対象地域以外の地域については、武器の輸出を慎む
③武器製造の関連設備の輸出については、武器に準じて取り扱う

これにより武器輸出は事実上、全面禁止となり、武器技術や製造に関連する設備も武器輸出の禁止対象となったのだ。

ちなみに、旧ユーゴへのロケット輸出を巡っては、軍事転用の危険性が当時から指摘されていたが、明らかになったのは最近のことである。

2012年、朝日新聞が糸川氏と取引を進めた旧ユーゴ軍の複数の関係者を取材。軍関係者から、

「狙いはロケット本体よりも（ロケットに積まれた）固体燃料だった」

とのコメントを引き出した。彼らがロケットの固体燃料にこだわったのは、ロケットに

は燃焼時間が長く大型化が可能な最新鋭の固体燃料が使われていたからだ。

さらに、旧ユーゴが独自開発していたミサイル「ブルカン」の発射実験に日本から輸入した発射装置やレーダーを使ったほか、燃料を製造するための設備を軍需火薬工場に納入していたことも明らかにしている。軍需火薬工場はその後、ミサイルやロケット弾の点火薬製造の一大拠点となり、製品は発展途上国に広く輸出されたという。（朝日新聞2012年7月15日朝刊）

「堀田ハガネ」事件と見直し論

武器輸出に対する政府の姿勢は明確になったが、またしても新たな事実が発覚する。「堀田《ほつた》ハガネ」事件だ。

81年1月、通商産業省（現経済産業省）の承認を得ないまま、大阪の鋼材商社「堀田ハガネ」が、韓国や台湾などへ「半製品」を大量に輸出していたことが発覚した。「半製品」とは、それ自体が製品として販売可能だが、企業にとっては製造途中である製品のことだ。このときに輸出された半製品は、大砲の砲身（大砲の円筒の部分）だった。

これを受けて防衛庁（現防衛省）は、「半製品は砲身にしか使えない武器専用品」と鑑定し、内閣法制局も「半製品でも武器専用品なら輸出貿易管理令の規制対象になる」との見解を出す。

さらに衆議院予算委員会では新しい事実が明らかになる。日本社会党の大出俊《おおいでしゅん》議員によって未公開の社内資料が持ち込まれたのだ。堀田ハガネが77年に作成したもので、資料の項目名は「防衛産業向け取引実績及び今後の見込み」。76年に台湾の国防を担う部署に対し、つなぎ目なしのパイプを５０００万円で輸出したこと、77年の売上げで６億円の輸出を見込んでいたことが記されていた。

さらに堀田ハガネの取引会社で、熱処理や焼き入れを行っていた「大屋《おおや》熱処理」の従業員による告発文書も読み上げられた。

大屋熱処理は東大の生産技術研究所から研究員の小林繁美氏を招き、小林氏が研究の陣頭指揮を執っていたこと、全員が武器と知りつつも外部に漏らさぬよう会社から堅く口止めされていたこと、韓国人の技術者も呼んでいたこと――などが明らかにされ、世論や新聞などでも厳しい批判が沸き起こった。

堀田ハガネ事件を受け、81年3月、政府は、武器輸出について「厳正かつ慎重な態度をもって対処する」として、武器輸出の規制をより徹底する「武器輸出問題等に関する決議」を衆参両院議会において全会一致で可決した。

ただ残念ながら、「堀田ハガネ」事件自体はだれも罪に問われないまま幕を閉じた。神戸地検での判断は「会社側に武器としての認識がなかった」という釈然としないもので、結局、刑事事件としては不起訴処分となったのだ。


堀田ハガネ事件を受けて、武器輸出三原則により武器輸出を厳しく禁じてきた日本だったが、その原則も米ソ冷戦の中で、武器の近代化、ハイテク化を進めるアメリカの国益に沿うように変更を求められるようになっていく。

83年、ハイテク兵器の開発に日本の電子部品技術を欲していたアメリカからの強い要請を受け、中曽根康弘《なかそねやすひろ》内閣の後藤田正晴《ごとうだまさはる》官房長官は、「対米武器技術供与についての内閣官房長官談話」を発表。武器輸出三原則の例外として、「アメリカ軍向けの武器の技術供与を緩和する」とした。

武器輸出三原則が67年に発表されて以来の、初めての「例外」である。これ以降、アメリカに対する技術供与は例外扱いされるようになる。

とはいえ、例外を定めた中曽根内閣の下でも、武器輸出三原則の方針そのものは堅持された。以降も、三原則そのものは認めた上で、個別の例外規定を官房長官が談話で発表するというプロセスを経ての輸出が図られていく。

これまで三原則の例外として、武器輸出が許可されたのは21件だ。そのいくつかを見てみよう。

１９９１年、２００３年――国連平和維持活動（ＰＫＯ）やイラク人道復興支援、テロ対策のための油圧ショベルや中型ブルドーザーなど

１９９７年――海外での地雷処理のための地雷探知機

２０００年――中国へ、毒ガス弾など遺棄された化学兵器の処理事業のための防毒マスク、化学防護服、化学剤検知器

06年、09年――政府開発援助（ＯＤＡ）によるインドネシア支援、海賊対処のための巡視艇や暗視装置、防弾チョッキなど

いずれも殺傷能力がないことに注目したい。海外支援を重点政策として捉《とら》え、官房長官談話を出すことにより輸出を許可した。

とはいえ、個々に例外化していく方法では、臨機応変に海外の要請に対応できない。武器の国際的な共同開発への参画もできず、防衛技術の開発が遅れることに対し、政財界の各方面から三原則を根本から見直す必要があるという指摘が出始める。

最後の晩餐、そして大再編へ

経団連は、1995年5月、初めて武器輸出三原則の緩和を玉沢徳一郎《たまざわとくいちろう》防衛庁長官に要望する。「国際協力のための環境整備」を掲げ、外国との武器の共同開発や共同生産を進めるべきだと主張し、防衛産業のための政策の確立や武器輸出三原則の見直しを訴えた。

このころになると、防衛庁傘下の防衛企業が所属する日本防衛装備工業会も、「アメリカに限れば例外規定を設けずに武器を輸出してもいいのではないか」といった発言を行うようになる。

経団連が武器輸出三原則の見直しを主張し始めた背景には、当時国際的に進んでいた軍縮による世界の軍事企業の再編合併があった。

アメリカの防衛産業は、80年代半ばまで国防予算が実質、年7％を超えて増加するのにあわせて成長していったが、87年以降は、一転して防衛産業が不況に追い込まれていく。

93年1月にはクリントン大統領が就任するが、そのわずか数ヶ月後、防衛企業にとって衝撃的な一夜が訪れる。

クリントン大統領によって任命されたアスピン国防長官が、アメリカの航空・防衛産業の大手企業15社のトップを国防省の晩餐会《ばんさん》に招待した。アスピン国防長官とともに参加したペリー国防次官は、各社のトップに対して次の見解を伝えたのだ。

・冷戦後の国防省の予算は大きく削減されること
・不況が一過性でなく、5年以内にアメリカの防衛企業数は半減すると考えていること
・業界再編は業界自らの手ですべきだと考えていること

のちに「最後の晩餐（ラストサパー）」と呼ばれるこの会合以降、アメリカでは大規模な防衛産業の統廃合が進んだ。武器の最終組立の技術を持つ防衛企業「プライム企業」は、23社から5社に統合されるのだ。

業界の再編はアメリカだけにとどまらず、イギリスでも冷戦終結の影響もあり、6社が1社に統合された。

世界を巻き込む再編合併の流れの中で、日本の防衛企業にも危機感が生じる。欧米との武器の共同開発なくしては、日本の防衛技術や産業が衰退に追い込まれていくのではないか――と。

民主党政権での大幅な見直し

1991年のソ連崩壊から2005年ごろまでは、世界で急速な軍備縮小が進み、日本でも一時期、防衛予算が削減され、武器の調達数も減少した。日本の中小の防衛企業の中には、生産体制を維持できず廃業に追い込まれる会社も出るようになる。

03年以降に防衛産業から事業を撤退、倒産した企業数は102社に上った（平成24年6月、防衛生産・技術基盤研究会最終報告）。防衛企業の撤退で、技術や生産基盤が喪失し、日本の防衛や安全保障に支障が出ることが経団連で問題視されるようになる。

1970年以降、「防衛装備の国産化方針」が打ち出され、国内の防衛技術や基盤強化のために、自衛隊が使う防衛装備品は日本の防衛企業が独自で開発・生産するか、ないし、アメリカからライセンス生産の許可を受けて国内で製造した防衛装備品を使うか、のいずれかでまかなう方針が採られた。アメリカ以外の国とは共同開発も行わず、武器の生産数も限られていた。

２０１０年１月、鳩山由紀夫内閣の北澤俊美防衛相は、武器輸出三原則についてこのような発言をした。

「そろそろ基本的な考え方を見直すこともあってしかるべきだと思う。10年末に取りまとめられる防衛計画の大綱（防衛大綱）で、武器輸出三原則の改定を検討したい」

具体的な内容として、「日本でライセンス生産したアメリカ製武器の部品を、アメリカに向けて輸出することや、途上国に向けて武器を売却すること」をあげた。

鳩山首相後任の菅直人《かんなおと》首相も、武器輸出三原則の見直しを盛り込む方向で最終調整に入った。大綱には、武器の国際共同開発の対象国の拡大や、国連平和維持活動（ＰＫＯ）などの国際協力活動で、防衛装備品を相手国に供与することを認めることなども盛り込もうとしていた。

しかし、見直しに強く反対する社民党との連携を重視し、菅首相は12月、武器輸出三原則見直しの明記を一転して見送った。

頓挫《とんざ》した三原則の見直しだったが、後任の野田佳彦首相が就任すると、「平和国家の理念を堅持しながら、そのあり方については具体的な不断の検討が必要だ」と改めて見直しの可能性を示唆した。

２０１１年12月、藤村修官房長官（当時）による談話を発表し、武器輸出についての包括的な例外協定を打ち出した。

①平和貢献・国際協力に伴う
②目的外使用、第三国移転がないことが担保されるなど厳格に管理
③安全保障面で日本と協力関係があり、その国との共同開発・生産が日本の安全保障に資する場合

その後、野田首相はイギリスのキャメロン首相と会談し、アメリカ以外の国と初めて武器の共同開発を進める方針で合意した。民主党政権下でも、経団連などの強い意向を受け、武器輸出の原則解禁への地ならしは進んでいた。

5年ぶりに政権に復帰した第二次安倍内閣において安倍晋三首相は、13年3月、アメリカ製の最新鋭ステルス戦闘機F35の製造に日本の防衛企業が参画することを認め、三原則

の撤廃を含めた根本的な見直し作業に着手した。

13年12月には、アメリカの「国家安全保障会議」（NSC）をまねた「国家安全保障会議」（日本版NSC）が発足した。

ちなみにアメリカのNSC事務局には約200名が名を連ね、専従のスタッフもいるほか、民間からの登用者も多く、戦略決定のために必要な情報を供給する中央情報局（CIA）も置かれる。日本と比べても時の政府や省庁の意向だけでなく、安全保障などに関する情報を元に、より多角的な見地から政策決定が行える仕組みだ。

設立当初は大統領、副大統領、国務長官、国防長官、陸海空軍の各長官をメンバーとしていたが、軍の影響力を減らすため、1994年以降は、陸海空の各長官はメンバーから外されている。

一方、日本版NSCの事務局である「国家安全保障局」は、防衛、外務、警察らを中心とした省庁の出向者が大多数で外部の有識者は数名のみ。武器輸出の決定に際し、政府の意向と省益メカニズムだけで政策判断が行われる可能性がある。

防衛省からは、現役の軍人である制服組の自衛官が入っており、緊急事態での武力紛争において、制服組が主導して戦争遂行のための政策立案が行われる可能性も懸念される。

さらに、ＮＳＣとセットで作られた特定秘密保護法により、ＮＳＣの政策決定のプロセスが覆われ、国民の監視が行き届かない点も心配だ。

新三原則が内包する危険性

ところで先ほど、武器輸出三原則の例外のところで21件の例外があったと紹介したが、武器輸出三原則ができて以降、殺傷能力のある兵器が初めて輸出された国はどこかご存じだろうか。

答えは韓国だ。

２０１３年12月、国家安全保障会議（日本版ＮＳＣ）が、南スーダンのＰＫＯ部隊で１万５０００人の避難民保護にあたっている韓国軍に対し、１万発の弾薬の無償提供を許可した。「緊急の必要性と人道性が極めて高い」というのがその理由だ。朝鮮戦争を除き戦後では初めて、殺傷能力のある兵器が海外の軍隊に提供された。

ＰＫＯでの武器弾薬の譲渡は歴代内閣が、国会答弁で重ねて否定してきた。

１９９１年のＰＫＯの国際平和協力等に関する特別委員会では、日本社会党の沖田正人衆議院議員がこう質問した。

「物資協力に武器や弾薬、装備は含まれているか」

それに対し、政府の野村一成内閣審議官がこう答えている。

「含まれていない。国連事務総長からそういう要請があるということを想定していないし、もしあってもお断りする」

98年の安全保障委員会では、自由党の佐藤茂樹衆議院議員が、次のように問うた。

「武器弾薬など、そういうものに類するような物資協力はあり得ない、条文に書かなくてもいいのか」

内閣府に所属する国際平和協力本部事務局長、茂田宏氏は次のように明言している。

「人道的な国際機関というのは、その活動のために人を殺傷したり物を壊したりする武器ないしは弾薬を必要とすることは万が一にもない。これらの機関から日本に対して武器弾薬の提供の要請があるとは考えていない。万が一、仮にあったと致しましても、それはお断り致します」

しかし安倍政権は、ＰＫＯにたずさわる韓国軍への弾薬の提供を、ＰＫＯ協力法第二五条の「物資協力」に基づくと説明。過去の国会での政府答弁との整合性については、「ＰＫＯ法には武器弾薬という適用除外は明記されていない」などと説明した。

決定のプロセスに問題はなかったのか。

これまで政府見解の変更を決めるのは、全閣僚が出席する閣議の場でだった。しかしこのときは、首相、官房長官、外相、防衛相の4人が司令塔として構成される「国家安全保障会議」だったのだ。

安倍政権は、韓国軍への弾薬提供の決定を下す約1週間前、外交・安全保障の基本方針を示す国家安全保障戦略（NSS）を策定。その中で武器輸出三原則に代わる新たな原則を定めるとした。PKOでの物資提供に関しても、歴代の政府見解や法的枠組みを大きく踏み越える判断を下している。

そして2014年4月、武器輸出三原則を47年ぶりに全面的に見直し、輸出容認に転換する「防衛装備移転三原則」を閣議で決定した。

新原則では、

①国連安全保障理事会の決議に違反する国や紛争当事国には輸出しない
②輸出を認める場合を限定し、厳格審査する

③輸出は目的外使用や第三国移転について適正管理が確保される場合に限る

一定の審査を通れば輸出が可能な仕組みとなり、従来の三原則からの大転換といえる。この原則では、公明党の指摘を受けて当初案で削除していた「紛争当事国」を禁輸対象に復活させたが、従来の三原則での「紛争当事国になる恐れのある国」は禁輸の対象から外された。また従来の三原則にあった「国際紛争の助長回避」という基本理念は明記されなかった。

ここからなにが読み取れるか。

たとえば、イスラエルや中東諸国への輸出には事実上制限がかからない。紛争に加担する可能性は高まったといえるだろう。

これに関しては、自民党の一部議員からも「イスラエルのような国への輸出は禁止すべきだ」との批判の声も上がったが、政府は、「イスラエルは禁輸対象に入らない。案件ごとに都度判断する」として突っぱねた。

新原則で禁輸対象となる国は、北朝鮮、イラク、ソマリア、リベリア、コンゴ民主共和国、スーダン、コートジボワール、レバノン、エリトリア、リビア、中央アフリカ、アフガニスタンのわずか12カ国だけだ（2016年6月現在）。

禁輸対象である「紛争当事国」は、2016年4月の時点では、特定の国は、存在しないとする（防衛装備庁）。アメリカ軍の関与が強い中東の国々は、イラク、アフガニスタンを除いて禁輸対象国に入っておらず、三原則上での禁輸対象国は、非常に狭い範囲にとどまっているといえる。

輸出の審査基準についても、「平和貢献・国際協力の積極的な推進に資する場合」「わが国の安全保障に資する場合」と曖昧《あいまい》で、政権の都合で拡大解釈される余地を残したままだ。

高い日本の武器

新三原則となり、ビジネスの面はどうか。日本の防衛産業を以下に検討していくこととしよう。

ところで、武器の値段がどのくらいかご存じだろうか。防衛省によると、たとえば、10式戦車は約9億6600万円、固定翼哨戒機P1は一機約169億円、救難機US2は一機約112億円、F2戦闘機は一機約131億円、ひゅうが型護衛艦は一隻約973億円、89式小銃は一挺約28万円、12・7ミリ重機関銃は、一挺約537万円などである。どれも高

位	企業名	軍需依存率（%）
1	三菱重工	11.4
2	川崎重工	14.0
3	日立造船	9.6
4	日本電子計算機	8.5
5	コマツ	8.4
6	IHI	6.7
7	三菱電機	4.1
8	東芝	1.1

日本企業の防需依存度（出典　平成11年度防衛省・主要防衛企業の防需依存度）

額に感じるが、これは世界の相場と比べてどうなのか。

自衛隊の防衛装備品や、海外の武器市場に詳しい軍事ジャーナリストの清谷信一《きよたにしんいち》氏にこの点を尋ねてみた。

「日本の武器は、欧米と比べてはるかに高いです。戦車は3倍、機関銃は8〜10倍ともいわれています。加えて、海外での実戦経験も乏しく、値段が高くてもその性能は実証されていないに等しい。その意味でも日本は、〝異質で高価な〟武器を生産しているともいえるでしょう」

これは日本の防衛企業が、武器輸出三原則の下で国内の自衛隊に限定して武器供給をしてきたためだ。自衛隊の武器納入はパイの奪い合いが進み、利益が見込めない市場となっていた。武器製造のために高い設備投資をしても生産数が限定されていたため、生産性も低く、戦車や機関銃など武器単価が相対的に高くなっているものが多い。

日本での防衛市場は2兆円ほどで、これは全工業生産額250兆円の0・8％だ。大手防衛企業の軍需依存率を見ても、最大手の三菱重工で11・4％、川崎重工が14・0％と10％を超えるが、超えるのはこの2社だけ。ほかは日立造船9・6％、日本電子計算機8・5％、小松製作所（コマツ）8・4％、石川島播磨重工業（現ＩＨＩ）6・7％、三菱電機4・1％、東芝1・1％、ＮＥＣ1・1％とほとんどが1割に満たない（平成11年度、防衛省・主要防衛企業の防需依存度）。

一方、世界に目を転じれば、武器輸出の総量は著しく増加している。

2016年2月のスウェーデンのシンクタンク「ストックホルム国際平和研究所（ＳＩＰＲＩ）」の報告書によると、11〜15年（今期）の世界の武器輸出は、06〜10年（前期）より14％増加した。

武器輸出大国のベスト5は、1位がアメリカ、2位がロシアだ。両国は突出した武器輸出額を誇る。続いて、中国、フランス、ドイツ。この上位5カ国で、世界58カ国の武器輸出国全体の74％を占める。

一方、武器輸入国ベスト5は、1位がインド、2位サウジアラビア、続いて中国、アラブ首長国連邦、オーストラリアだ。核問題で揺れ続けるインド、民族間の紛争が続くアフリカ、ＩＳなどが台頭する中東、中国はじめ、アジア、オセアニアでの武器輸入も急増している。

世界をめぐる武器

武器輸出で前期比27％増のアメリカは、今期は世界96カ国に武器を輸出。アメリカの武器輸出総額に占める輸出額の割合の上位は、中東の国々で1位がサウジアラビア（9・7％）、2位がアラブ首長国連邦（9・1％）、3位がトルコ（6・6％）だ。

アメリカの武器輸出の41％を中東諸国が占め、続いて日本を含む、アジアとオセアニア地域への輸出が40％、ヨーロッパに対しては9・9％にとどまっている。無人攻撃機（7章で詳述）をはじめ、航空兵器の武器輸出が全体の6割を占め、特に最新鋭のステルス戦闘機Ｆ35の契約数は9カ国に対し611機に及んでいる。

前期比28％増のロシアは、世界50カ国とウクライナの反政府勢力に対して武器を輸出。主な輸出相手先は、インド（39％）、中国（11％）、ベトナム（11％）だ。ロシアはアジアとオセアニア地域への輸出が全体の68％を占め、以下、アフリカ（11％）、中東（8・2％）、ヨーロッパ（6・4％）と続く。

前期比88％増と、突出した勢いを見せるのは中国だ。世界の武器輸出に占める割合は、3・6％から5・9％に増えた。中国は、今期37カ国に輸出、そのうちの75％はアジアとオセアニア地域への輸出で、このエリアの輸出は前期比139％増加した。

特にパキスタンは中国のもっとも主要な取引先で35％を占め、以下、バングラデシュ（20％）、ミャンマー（16％）と続く。いずれも核武装を進めるインド周辺国であり、政情も不安定だ。途上国では、アメリカでなく中国製の安価な武器を調達する動きが加速している。

日本が目指すアメリカ式の軍産複合体

日本はこの世界の武器市場に打って出ていこうというわけである。

日本がお手本にするのは、アメリカ式の軍産複合体だ。軍産複合体とは軍事と企業や大学、研究機関が密接に結び付き、複合的に武器輸出を推進していく、というものである。

アメリカの軍産複合体はどのようにして現在に至るのか。アメリカの軍産複合体の歴史に詳しい獨協大学の西川純子名誉教授によると、第二次大戦前は、アメリカには恒常的な武器産業はなかったという。

「かつてはジェネラル・モーターズ（ＧＭ）などのような自動車会社や航空機会社、石油会社が戦争のために武器を作らされたのです。それが第二次大戦により、即席の防御で国を守るのではなく、新しい武器に対応し、研究開発費を伴った武器の開発や生産が行われるようになるのです」

一方で、アメリカで原子爆弾の開発のために進められた「マンハッタン計画」により、科学者と軍事企業、国防総省との結びつきも強まった。

戦後は、マンハッタン計画にたずさわった物理学者は、スタンフォード大学やＭＩＴなどのアメリカのトップ校に在籍し、関連する軍事企業はオフィスを大学の別のキャンパスに設置するなどしたという。

１９４９年、ソ連が原子爆弾の核爆発実験を成功させ、また57年には、人類初の人工衛星「スプートニク１号」打ち上げ成功の「スプートニク・ショック」があり、これがアメリカの武器産業の拡大に拍車をかけた。

　米ソ冷戦構造の中で、恒常的な防衛産業が生まれ、それがアメリカ国防総省と結びつき、強大な権力に成り上がっていく。これが「軍産複合体」の始まりだった。

「軍産複合体」という言葉は、1961年1月に、アイゼンハワー大統領が退任演説で用いたことが始まりとされる。アイゼンハワー大統領は、軍拡競争を推し進めた中心人物だが、同時に、それによって巨大化する軍産複合体が、国家や社会、個人に及ぼす影響も危惧していた。

「アメリカの民主主義は新しい、巨大な危険な勢力によって脅威を受けている。それは軍産複合体と称すべき脅威だ」

　何百万という人間と何十億ドルという莫大《ばくだい》な資金で全米の都市、州議会、連邦政府の各機関にまで影響力を及ぼし、また自由な思想と科学的な発見の源泉として、その役割を果たしてきた大学にも、一つの改革がもたらされている、とアイゼンハワーはいう。

「私は学者が政府に雇用され、その結果、政府に統御されるという事態を危惧するとともに、公共のための政策が、特権的な一部の科学技術エリートによって支配されるという事態をも恐れるものである」

アメリカで起こった国防研究者への弾劾運動

ベトナム戦争のときには、アメリカの軍産複合体をさまざまな角度から分析する研究が多くの大学で行われた。国防総省の計画にたずさわる科学者への弾劾運動も活発化した。運動の効果で大学と軍事との共同研究が15～25％低下したこともあったという。

しかし、１９８０年代に「強いアメリカ」を掲げてレーガン大統領が就任すると、軍事費はつり上がり、武器調達と研究開発費のインフレを考慮した実質額は、年間で６００億ドルに達した。このころになると、大学内での反軍学共同の運動も下火になっていく。

83年には、ソ連の脅威を強調し、新たな戦略防衛構想（ＳＤＩ）である「スターウォーズ計画」を公表すると、アメリカの科学者たちも国防総省から研究開発資金を受けることに抵抗しなくなっていく。ＳＤＩにより、膨大な国防予算が研究者に流れ込むようになったためだ。

その後のクリントン政権は、前述した「最後の晩餐」に象徴的なように国防費を削減。それにあわせ、軍事的な研究成果を民需に転換する「スピンオフ」や、逆に民需の研究成果を軍需に応用する「スピンオン」の政策を推し進め、「デュアルユース」（軍民両用）という言葉を多用するようになる。これによりIT産業が新たに生まれたが、一方でデュアルユース政策によって国防予算を縮小しても、軍事開発費そのものは縮小せず、むしろ拡大していった。

西川名誉教授は、新三原則ができて以降の日本の政府や防衛産業の動きについてこう語る。

「防衛装備庁は、おそらくアメリカほどの規模を目指せないにしても、武器開発に特化するような軍事専門企業を作らせたいのではないでしょうか。もちろん、国民の税金を使ってです。軍需への依存率が1割に満たなかった日本の軍需企業の再編や合併が行われる可能性もあります」

これにより、各企業が防衛に関して独自で判断できる自由度は下がり、日本の防衛企業は、国営企業のようになるのではないか、と西川氏は危惧する。

「武器市場には、民間ほどの市場や成長は見込めません。国主導で軍事専門の企業を作っても、結果として、赤字分を国民の税金で補わざるを得なくなる可能性もあります。アメリカ型の軍産複合体は、軍事的な緊張を高め、安全保障の面だけでなく、経済的な側面においても日本にとってデメリットがあるのではないでしょうか」

冷戦が終結し、国際環境が大きく変化する中、武器輸出を原則禁じた武器輸出三原則から、武器輸出を原則容認する防衛装備移転三原則へ日本は大きく舵《かじ》を切った。武器を売らないとして戦後進めてきた日本の武器政策は、長年にわたり、政財界やアメリカなどからの圧力を受け、さまざまな変化を強いられてきた。しかし、武器輸出三原則を歴代政権がかろうじて踏襲し続けたことで、戦争をしない、戦争に加担しない国造りを、日本は曲がりなりにも世界に訴えてこられた。

しかし、現在、政府は新三原則を策定し、「防衛技術力の強化」や「安全保障強化」のためとして武器輸出を肯定する。日本の防衛企業が、世界の武器市場で利益を追い求め、アメリカ式の軍と企業が強く結びつく軍産複合体ができる道を模索している。

第5章

〝最高学府〟の苦悩

東京大学の大転換、軍事研究を容認

武器輸出の新三原則が閣議決定されて以降、状況は日々変化していた。私は、政府、防衛装備庁の官僚たち、大手の防衛企業、下請け企業、そして研究者へ連日の取材を重ねていた。そんな折、産経新聞がスクープ記事を出した。2015年1月16日の一面トップ記事だった。

「特ダネを抜かれた！」と思ったと同時に、「まさか戦後一貫して、軍事研究禁止を貫いているあの東大が⁈」と記事を疑った。上司らからも「東大を取材していたはずだが、これ聞いてないのか？」と問い合わせが来た。

「東大、軍事研究を解禁　公開前提　一定歯止め」

東京大学（浜田純一総長）が禁じてきた軍事研究を解禁したことが15日、分かった。東大関係者が明らかにした。安倍晋三政権が大学の軍事研究の有効活用を目指す国家安全保障戦略を閣議決定していることを踏まえ、政府から毎年800億円規模の交付金を得ている東大が方針転換した。軍事研究を禁じている他大学への運営方針にも影響を与えそうだ。
（産経新聞２０１５年1月16日）

記事によれば、14年12月、情報理工学系研究科の「科学研究ガイドライン」を東大が改訂していたという。

産経新聞の記事は大きな反響を呼び、紙面に載ったその日に東大の濱田純一《はまだじゅんいち》総長はさっそく「東京大学における軍事研究の禁止について」を発表する。

濱田総長の声明は次のようにいう。

「東京大学における軍事研究の禁止の原則について一般的に論じるだけでなく、世界の知との自由闊達《かったつ》な交流こそがもっとも国民の安心と安全に寄与しうるという基本認識を前提とし、そのために研究成果の公開性が大学の学術の根幹をなすことを踏まえつつ、具体的な個々の場面での適切なデュアル・ユースのあり方を丁寧に議論し対応していくことが必要であると考える」

冗長でわかりにくい声明だが、ここでもっとも注目すべき点は「個々の場面での適切なデュアル・ユースのあり方を丁寧に議論し対応していく」だろう。これは「デュアルユース技術の中に含まれる軍事技術を容認する」という意味を含んでしまうのだ。

東大は、真珠湾攻撃からわずか4ヶ月後の1942年4月に、軍の要請に基づき、兵器開発のために、工学部の定員を倍増させ、現在の千葉大学の敷地に第二工学部を新設した。研究科目には火薬や銃器、機雷や爆雷などがならび、軍は、東大の研究者や学生に有無をいわせず武器の研究開発を強いた。

戦争の兵器開発に学問を利用された、太平洋戦争での深い反省から東大は1959年に茅誠司《かやせいじ》総長、67年に大河内一男《おおこうちかずお》総長が、国立大学法人法で規定される最高の意思決定機関である評議会で、次の原則を表明した。

①軍事研究はもちろん、軍事研究として疑われる恐れのあるものも一切行わない
②外国を含めて軍事関係から研究援助は受けない

さらに83年には東大の教職員組合と教授陣との間で①、②に加えて、

③軍関係との共同研究は行わない、大学の施設を軍関係に貸さない、軍の施設を借りた

りしない、軍の研究指導をしない

とする声明も付け加えられた。以降繰り返し、これらが評議会や教職員組合と経営陣とのやりとりの場などで確認され、研究者が軍事研究に関わらないことが、東大の明確な意志として受け継がれてきた。

2011年に作成したガイドラインでは「一切の例外なく軍事研究を禁止している」としていたのだが、今回は「成果が非公開となる機密性の高い軍事を目的とする研究は行わない」としつつも「研究者の良識のもと、軍事・平和利用の両義性を深く意識しながら個々の研究を進める」となったのだ。

アメリカ軍からの資金援助

これには50年以上にわたり、原則を守ってきた職員たちからも抗議の声が上がった。たとえば東大工学部の教職員組合は、ガイドライン変更に関わる一連の経緯を詳細に説明するよう大学院工学系研究科長の光石《みついし》衛《まもる》教授に求め、話し合いも持った。

そのなかで光石研究科長は政府の圧力を否定し、自主性を強調した。

「理化学研究所のSTAP細胞問題などが起き、3月の時点で内規を変更して、ガイドラインで抜け落ちている部分を見直す必要があった。軍事研究はしないという表現を、倫理規定にあわせて両義性という言葉に置き換えただけ、（政府の）圧力に屈したわけではない。あくまでも自主的に変えたものだ」

ある組合員はこう懸念する。

「国からの圧力がたとえあっても、あったと認めることはできないでしょう。何年も前から国会の委員会では、自民党の防衛族から『東大の軍事研究禁止の方針』を変更するように指摘されていた。東大経営陣が結局、政府の圧力に折れてしまったのでしょう」

今回、方針を替えざるを得なかった背景には、研究者たちの資金獲得の難しさもあるだろう。

研究現場は、文部科学省の度重なるルール変更で、研究資金の獲得が高いハードルとなっている。そのなかで東大は例外的に大きな研究費が予算付けされているが、研究者個々の「努力」が資金に結びついている状況は東大も同様だろう。

資金の提供元は多岐に渡る。よく知られたところでは文科省による「科学研究費助成事業」いわゆる「科研費」や厚生労働省の「厚生労働科学研究費補助金」、経産省の「戦略

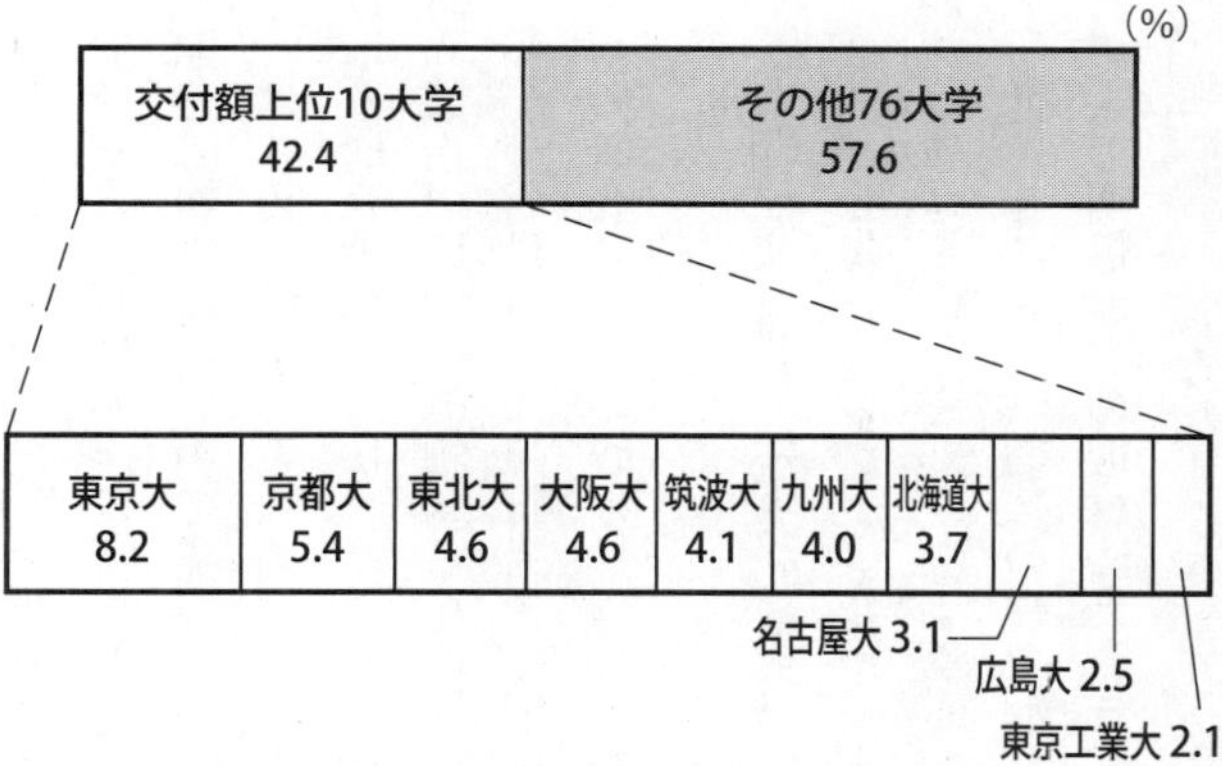

平成25年度の国立大学法人86大学運営費交付金の占有率状況（出典2013旺文社教育情報センター）

的基盤技術高度化・連携支援事業」などがあるが、実はアメリカ国防高等研究計画局「ＤＡＲＰＡ」やアメリカ海軍海事技術本部「ＯＮＲ」も大学や研究機関に資金を提供している。

ある国立大学の男性教授は、アメリカ軍関係の資金の魅力について匿名を前提にこう話してくれた。

「ＯＮＲは軍事研究に特化しておらず、海洋に関して将来革新的な技術につながるようなものには投資してくれます。日本だったら１００万円、２００万円の研究費をもらうのに40枚以上の書類を書かないともらえませんが、ＯＮＲだったら数枚でももらえます。ＯＮＲはすぐに実らなくてもいい、技術革新につながっていくものに投資をするのです。そういうマインドが日本とは違いますね。アメリカ政府は海洋は安全保障上、重要だと考えていますから、ONRに対する研究費の配分も非常に高いのです」

とはいえこれまで東大では、学内の三原則があり、DARPAやONRから研究費を受け取る研究者はいなかった。研究投資が軍事にも利用されている実態などを踏まえ、軍事研究禁止の原則に抵触する可能性があると見ていたからだ。

しかし、若い世代の研究者の中には東大が掲げてきた「軍事研究禁止」の原則が「自分たちの研究の発展の妨げになっている」と感じる者も出てきている。

グーグルが買収した東大元研究員のベンチャー

2013年11月、グーグルが日本のロボットベンチャーを買収――。そのニュースに驚いた読者も多いと思う。グーグルが買収した企業「SCHAFT《シャフト》」は、東京大学でロボット研究をしており、助教の職を辞した中西雄飛氏と浦田順一氏が興した会社だ。

東大の関係者への取材によれば、起業に至った発端は軍事研究を禁じた内規だったという。

東大の研究者だった中西氏らは、DARPAが主催するロボット大会「DARPAロボティックス・チャレンジ」に参加を希望していた。しかし、東大では「軍事研究禁止」の原則により、DARPAが主催する大会への参加が認められない。研究者たちはロボット大会に参加するため、東大を辞め、自ら「SCHAFT」という会社を起業し、大会に参戦したのだ。

大会の目的としてDARPAが掲げていたのは「原発事故など、人が近づけない過酷な災害現場でのロボット技術の応用」だ。

これを読めば、軍事研究禁止にふれているとはいえない。だが、これを額面どおりにとる人はいないだろう。国防関連の機関が主催しているのに、災害救助だけが目的ということがあるのか。軍事転用の可能性はないのか。

DARPAでロボット大会の全体を指揮したプログラム・マネジャーのギル・プラット氏にロボット大会前、ダメ元で直接、質問をメールで投げかけてみると、後日、超多忙にもかかわらず、A4版3枚にわたって長文の回答を寄せてくれた。私はこれほど長い回答をもらったことがなかったのでおどろいてしまった。そこにはロボット技術を災害に役立てたいという熱い思いがあふれていた。

「初めにいっておきたいのは、日本のいかなるチームもDARPAから資金を受けてはいないことです。DARPAで日本のチームが優勝しても、知的財産をDARPAに与える義務はありません。なので、たとえ日本のチームがこの大会で優勝してもDARPAやアメリカのために仕事をする必要はありません。

では何のためにこのような大会をDARPAは行うのか。

DARPAの目的は、アメリカの安全保障にいつか役立つような新たな可能性を解き明かし、その能力を開拓することにあります。もちろん、ものによっては軍事的な応用で利用するものもあります。あらゆる科学は両義性を持ち、その技術の社会へのインパクトは、技術をどう応用するのかにかかっています。

科学者は潜在的な科学の問題を解き明かす使命を持っていますが、その技術をどう利用するかを決めるのは科学者ではなく、社会であり政治です。多くのロボットは軍事にも民事にも使える。だから今大会で開発されたロボットも軍事・民生の両面で使えるものになります。

災害支援目的で開発されたロボットは軍事用にももちろん用いられます。それはあらゆるロボットについていえることです。その意味でロボットにおけるいかなる研究も、健康

管理や災害支援のために使われるのと同様に、軍事として使われる可能性も秘めていま
す」

プラット氏から回答を得られるとは思っていなかったので正直、感動したが、「ロボットには軍事・民生の境界はなく、軍事への転用も否定できない。とはいえ、人間が置かれている状況を改善する可能性を秘めた科学技術の研究を妨げる理由にはならない」と繰り返し強調する文面を読み返すと、軍用ロボット転化への危険性を察知しつつ、科学の発展、人類の発展のためにと思い悩む、科学者プラット氏の本音が垣間《かいま》見れたような気もした。

プラット氏は決勝大会後、トヨタ自動車へ転身し、現在はトヨタの人工知能研究を指揮する。

大会に話を戻そう。

優勝チームに用意されていた賞金は２００万ドル《ドル》（約2億２０００万円）だ。

そして13年12月、ＳＣＨＡＦＴは、予選大会で開発した二足歩行ロボットが高得点をマーク、２位を大きく引き離し予選トップで通過した。

その後、米グーグル社が、ＳＣＨＡＦＴのロボット技術に目を付けて買収したのだった。

当初、ＳＣＨＡＦＴは後日ロサンゼルスで開催される予定の決勝戦に参加するとしていたが、「商用製品の開発に集中するため」として、決勝戦参加を辞退している。

経産省によると、ＳＣＨＡＦＴの持つ人型ロボットの特許には国の予算が投じられており、経産省傘下の産業技術総合研究所（茨城県つくば市）で特許の一つが生まれている。国費を投じたロボット技術が、皮肉にもアメリカ企業に買収されてしまったのだ。

この事実をどう考えればいいのか。思いあぐねていると、ある関東の国立大学工学部の男性准教授からこんな話を聞いた。

「技術の開発や発展を願えば願うほど、どうしてもアメリカの軍事機関との関係ができてしまう。そんな状況に陥っているのが現在のロボット業界です」

ＤＡＲＰＡのプラット氏のメールと男性准教授の言葉が重なって聞こえた。

科学技術の発展は、本来喜ばしいことのはずだが、アメリカの場合は、科学技術の発展が国防、軍需と密接に連携してしまっているのが現状だ。

日本政府が出している科学研究費３兆５０００億円のうち国防関連の研究費は１５００億円と５％程度だが、11年のアメリカは、政府負担の科学研究費１３４０億ドルのうち国防研究費は約８２０億ドルと、全体の６割に達している（文科省「科学技術要覧　平成26年版」）。

アメリカにおける科学研究がいかに軍事にからめとられているかがわかる。

プラット氏は恐らく人のいい研究者なのだろう。多くのアメリカの研究者は軍事研究に邁進《まいしん》したいわけではないとも思う。

しかし、もうアメリカでは、科学の研究開発と軍事が離れがたく密接に結びついてしまっているのだ。

日本でも、ロボット研究をはじめ、軍学共同がアメリカのように加速していけば、研究者が防衛関連企業や防衛省などとも密接に結びつくようになり、そこで生まれる新たな利権が自己増殖を始めていく。アメリカのように科学研究費と国防が密接に結びつく体制が形成されてしまったら、もう後戻りはできなくなってしまう。

日の当たらなかったロボット研究

ヒューマノイドロボット（人型ロボット）は、研究者にとって、これまで研究費が非常にとりづらい分野の一つだった。それは、近未来でどう人型ロボットを生かせるのかという未来図を日本が明確に描けていなかったことにも由来する。

何度ものメールでのやりとりの末、直接会って取材に応じてくれた関西にある国立大学工学部の男性准教授は、その状況をこう話してくれた。

「ロボット技術に関して日本は素晴らしい技術があっても、それを現実にどう応用するかを考えることができずにいました。『ロボット研究者は現実の世界を見ずに、夢の中でロボット世界を夢想する職業だ』という皮肉を聞き、悔しい思いをしたこともあります。しかし、3・11の東日本大震災がターニングポイントとなり、ロボット技術や研究が見直されました。私たち研究者も、自分たちが社会に何ができるのか、研究者として何をしていくべきなのかということを嫌というほど考えさせられるようになったのです」

3・11をきっかけに、災害に対応する人型ロボット開発の重要性を世界、とくに日本とアメリカはより強く意識するようになった。日本は、人型ロボットの研究や歴史においては世界をリードしており、生活を支援する人型ロボットはそもそも日本から発信された思想だった。

日本が、人型ロボットの開発を世界に発信した当初、欧米の反応は軒並み冷たかったが、ここ10年ほどで、ヨーロッパではロボットへの投資が日本よりはるかに活発になった。人型ロボットを扱う社会を、政治家や経済界などがより現実的にイメージし始めたのだ。

アメリカにおいても、これまで人型ロボットをどう使うか具体的なイメージを説明できなかったが、福島の原発事故を受け、その重要性を再認識し、人型ロボットの優れた技術を一気に獲得したいという思惑も生まれてきた。

2013年7月、経済産業省はアメリカ国防総省との間で「人道支援と災害復旧に関するロボットの日米共同研究実施に関する合意書」に署名した。そこには次のように明記されている。

「汎用《はんよう》技術であり、武器輸出三原則等に抵触するものではありません」

汎用技術とは、軍事にも民生にも使えるという意味、すなわちデュアルユースだ。まだ武器輸出三原則が撤廃される前だったが、「抵触するものではない」と明言されていることに私は疑問を持たざるを得なかった。

その後、抱いた疑問が杞憂《きゆう》ではなかったことを知る。取材する中で知り合った経産省の機械課の担当者が、軍事転用への可能性についてしつこく質問を投げかけるうちに、渋々ながらもこう打ち明けてくれた。

「武器輸出三原則への抵触はないとしていますが、将来、武器への転用が絶対にないとはいい切れないのが正直なところです」

ともあれ、人型ロボット研究が世界的に飛躍を遂げているのは事実だ。

東大チームもロボコン決勝へ

ＳＣＨＡＦＴが辞退した決勝は、２０１５年６月、アメリカのロサンゼルスで開催された。日米韓など６カ国から24チームが参加。優勝したのは韓国科学技術院チームのロボットだった。

日本からは５チームが追加で決勝戦にエントリーすることが認められた。先述したように、経済産業省とアメリカ国防総省の合意があり、それに基づき、経産省の外郭団体である国立研究開発法人「新エネルギー・産業技術総合開発機構」（ＮＥＤＯ）が、大学や研究機関に募集をかけた。なぜＮＥＤＯが出てくるかといえば、ＮＥＤＯが一枚間に入れば軍事研究に抵抗感のある大学も応募しやすいというわけだ。その結果、ＮＥＤＯからは、

①独立行政法人「産業技術総合研究所」
②東大
③東大、千葉工大、大阪大、神戸大の連合チーム

この計3チームが初参加となったが、結果は最高で10位。棄権するチームも出るなどふるわなかった。

この大会ではアメリカ軍は資金を用意していたが、どの大学も辞退した。代わりにNEDOの資金、各1億円を受け取った（これは国民の税金だ）。

軍事研究禁止を掲げる東大も、NEDOを介しての参加ということで、大学側が参加を認めたが、参加者たちに迷いはなかったのか。私は各大学の担当教授らに電話で取材を申し込んだところ、直接話すことができた。いずれも同じ趣旨の返答だった。

「研究者として、ロボット技術は前進させたいが、アメリカ軍からの資金は受け取れないので断った」

そのなかでも東京大学のロボット研究者である中村仁彦《なかむらよしひこ》教授が、1時間半ほどにわたって取材に応じてくれた。終始穏やかな語り口で、ロボット研究が目指していくべき道についてやさしく説いてくれた。

「今回のロボコンへの参加はあくまでもDARPAとNEDOが共同で行う災害支援システム、国際共同研究へのNEDOの公募への参加という立場でした。今大会の成果が、アメリカ軍の武器技術に転用されることはないと思っています。すでに研究で得られたものは、日本で知財登録を行うなど、技術の転用、流出には充分な注意をはらっています。今回、仮に優勝したとしても、それはまずないと思いますが、その技術が転用される可能性はありません。DARPAに、ロボット設計の中味などを開示する義務は課されていませんん。そこを担保した上で、大会への参加を決めました」

あくまで、災害支援という目的に意義を感じて参加したという。賞金に関してはこう話す。

「賞金が出ても、アメリカ軍関係から出ているお金です。私はその受け取りを肯定できません」

中村教授によれば、ロボット開発の倫理に関する国際会議やワークショップは2013年ころから始まっており、折に触れてそういう国際会議にも参加しているという。会議では、無人攻撃機をはじめ兵器の扱いをどうするのかなど、さまざまな観点からロボットを論じているそうだ。

「軍事戦略では、殺傷の判断そのものをロボットが行う『自律型致死兵器システム』(LAWS)の開発が進んでいます。ロボット兵器が戦争をしていいのか、逆に戦場のような場所では、ロボットの方がより冷静で倫理的な判断ができるかもしれないなどの意見もあった。ロボット兵器への議論は高まっています」

しかし、議論は、条約を所管する外務省なども巻き込み、ロボット技術の軍事面での悪用について具体的な条約を作り、研究や開発に制限をかけるというところにまで至っていない。ロボット兵器の開発は、研究者の研究意欲にあわせ、事実上野放しの状態だという。

アメリカ国防総省からの熱視線

共同通信によると、アメリカ軍は2000年以降、日本国内26の大学などの研究者に計150万ドル（現在のレートで約1億8000万円）超を提供したという。このうち12の大学や研究機関が、公表されていなかった資金を含めアメリカ軍からの資金の受け入れを認め、総額は2億2646万円となったという。アメリカ軍の研究資金は徐々に日本の研究機関に流れ込んできている。

アメリカ軍の軍事力強化のため、アメリカの国益のため、日本の技術を取り込もうとする動きは、研究者に限定されず、学生にも広がっている。

その動きが如実にわかるのが、これまでに述べてきたDARPA主催のロボット大会や、アメリカ海軍海事技術本部「ONR」が実質的に主導する大学生らの無人ボートの国際大会だ。

「ONR」は、アメリカ海軍直轄の研究投資機関で、1946年、世界における海軍の技術力の優位性を高めるために設置された。アメリカ海軍省予算の1%にあたる年間20・3億ドル（約2156億円）の予算を持ち、世界各国の大学や非営利機関、産業界に7割、海軍の研究に3割を投資する（15年版アメリカ海軍科学技術戦略）。

これまでGPS衛星、リチウム電池の開発を支援したほか、冷戦期には、ソ連の潜水艦探知のためSOSUS（音波による探知システム）の開発支援なども行っている。

東大サークル、アメリカ海軍がスポンサーの大会に参加

ONRが資金提供して開催された無人ボートの国際大会に、東京大学など国立3大学の工学部の学生チームが、資金援助を受けて参加した。2014年10月にシンガポールで開かれた無人ボートの国際大会「マリタイム　ロボットX　チャレンジ」の第1回大会だ。

参加した3大学は東大、東京工業大、大阪大。このなかで、軍事研究への関与や軍事関連組織からの援助を原則禁じている東大では、アメリカ軍の関与を認識しつつ参加を黙認した。

日米韓など5カ国計15大学の学生チームは、ONRが開発した全長4㍍の船体（500万㌦相当）と、準備金2万5000㌦（約300万円）の資金で、これをもとに性能を競い合った。6位までの上位入賞チームには、計5万㌦（約600万円）の賞金も授与された。ONRはこの大会のために12年に一括で500万㌦（約6億2000万円）を支出、このうち240万㌦（約2億8000万円）が大会費用として使われ、運営費のほとんどをONRが負担した。

3大学の学生らは、それぞれ、工学部の教授や准教授から大会参加を呼びかけられて、チームを結成したという。

東大チームはどうだったのか。

呼びかけたのは工学部システム創成学科の村山英晶《むらやまひであき》准教授だ。14年春、大学の水槽施設を利用して、無人ボートの開発を計画した。

しかしその後、アメリカ軍が関与する大会だったため、大会参加を疑問視する声が、東大の教職員らの間から噴出。軍事研究禁止の原則との関係上、開発実験を東大の施設で行うのを許可するのかについて、同じ学科の教授らが集まり、議論した。

その結果「大会は最先端技術の習得が目的」とする村山准教授の主張が受け入れられる。

東大工学部の教授側は、

「大会は、海事分野で使う自立ロボットシステムのものづくり力を競うもの。アメリカ海軍が資金を出しているが、シンガポール国立大学が共同運営するなど、総合的に判断して問題ない」

として東大の施設利用を認めたのだ。この際、大会参加の是非については議論しなかったという。

かつて東大で切磋琢磨《せっさたくま》していた研究者が大学を辞し、「SCHAFT」を起業し、DARPA主催のロボット大会に参加したこともこのときの判断に影響したという。

「学生の大会参加を阻むことは、学生の自由な活動を阻み、第二のSCHAFTを生みかねない」

そんな懸念の声も上がった。

一方、学生たちの研究実験を補佐する東大の職員側は、研究施設を使用することが決まった後も、大会への参加を批判した。

「ONRはあくまでも教育目的だといっているが、ONRが毎年出している年次報告書の重点項目には、自律船（自分で判断して動く無人船）や無人システムがあり、コンテストの結果が本当に将来も含めて軍事に反映されることがないのか疑問だ。教育プログラムなら軍事機関が行っているものに参加してもいいのか。人を育てる聖職者として問題はないのか。軍事に直結するものに大学の施設は利用されるべきではない」

実際の大会では、開発した無人船で「直線走行、障害物回避、目標認識、水中音響探査」などの五つの課題をリモコンの操作なしでクリアすることが求められたが、東大のサークルは結局、船を走らせるための推進機構の開発が間に合わず、船のマニュアル操作をするにとどまり、船を走らせることはできなかった。

大会はアメリカのチームが優勝、日本では大阪大の６位が最高だった。

なぜ東大の村山准教授は参加を推進したのか。

ぜひ本人に話を聞きたいと思い、取材をメールや電話で何度も申し込んだが、村山准教授からの返事は一切なく、そうこうするうちに東大の広報から「軍事研究に関連する取材は、大学の方針とも関わる話なので、准教授個人への取材は認められない」と連絡が来た。

残念ながら、村山准教授自身から回答を得ることはできなかった。

「戦争をするなら勝つために」

ONRの本当の狙いはなにか。私は広報担当副部長のボブ・フリーマン担当補佐官に直接英文でメールを送り取材を申し込み、回答を得た。

「アメリカ軍は、将来、科学者やエンジニアの中枢を担う人材を必要としており、我々が投資する理系教育を受けた学生を採用することも視野に入れています。技術力の高い労働者や学生の確保はアメリカに利益をもたらし、理系の学生への投資は軍にも利益をもたらすので、積極的に投資していきます」

軍事への転用について尋ねると、アメリカの海軍関係者らしい自信に満ちあふれた返信がきた。

「アメリカ国民は強い軍を期待しており、我々はそれに応《こた》える責務を負っている。もし戦争をするなら我々は勝つために戦う。強い戦力を持つことで、敵が戦いを思いとどまることも期待する。戦争を避けることは勝つことと同じくらい重要だ。理系教育への投資を広めることで、国際的な友情やパートナーシップを築いていきたい」

今後は、2016年はハワイで、18年には日本で大会が開催される方向で検討が進んでいる。次回の大会は、第1回大会で開発した船に改造を加える形での参加も認められている。

ONRは15年の戦略報告書で重点的に投資を行う対象として、「機械と兵士が情報システムを通じて協力し合い、自律・自動的に情報を集め、予測し、作戦を立て行動するシステム」や「海事戦場へのアクセス確保」をあげている。かみくだいていえば、「海を無人で航行できるシステムの開発」であり、「海上で行われている紛争地へスムーズに向かうシステムの開発」だ。

なかなかイメージが湧きづらいが、ONRが驚くべきPR映像を公開している。

ONRは、自律航行型のロボット船団を使って、軍艦を護衛する技術を開発。その実験の映像だった。5隻の無人艇が軍艦に接近する危険な船を察知し出動、敵船を囲み威嚇《いかく》する。武器を搭載することもでき、接近を止めない船には、再度警告した上で砲撃、破壊することが可能だという。

東大へ軍事関係者が視察

私は取材を進める中で、ボート大会への参加を推進した東大の村山准教授が、大会への参加と連動して、ONR職員らによる東大の実験施設の見学許可を申請していたことを知った。ボート実験に使う水槽の実験施設だ。しかし、このとき東大側は「軍事関係者の施設見学の許可はできない」として申請を却下していた。

見学を却下されたのはONRに所属し「マリタイム　ロボットX　チャレンジ」のプロジェクト・マネジャーを務めるケリー・クーパー氏と、アメリカ国防総省と結びつきが強いとされるアメリカ国際無人機協会「AUVSI」の専務取締役デリル・デイビッド氏だ。村山准教授本人への取材はかなわなかったが、教員や学生たちからは話を聞くことができた。以下はそれらをまとめたものだ。

見学申請が行われた際、工学部の教授陣は一度許可に動いた。

「見学者が施設内の写真撮影をしないということであれば許可する」

しかしその後、東大の教職員組合が、二人のアメリカ海軍の関係者の訪問申請が出ていることを知り、抗議する。

「軍事関係者の施設への立ち入りは認められないはずだ。二人の施設訪問を、光石衛工学系研究科長との交渉課題にする」

そう伝えたところ、工学部の教授陣は申請を取り消した。

「ONR、AUVSIは、ともに軍事関係者であるため、施設の見学は認められない」

結果、クーパー氏らは施設の見学はせず、東大の安田講堂外のサークル施設で学生らと対談、船の開発の進捗《しんちょく》状況などを話し合って帰ったという。

クーパー氏に訪問の目的をメールで尋ねると、率直な解答を得た。

「チームのメンバーに会い、大会についての彼らの質問に答え、大会会場までの経路や開発する船の配送に関する説明を行い、船の安全性とチームの能力を評価することにあった」

ボブ・フリーマン氏もこう答える。

「アメリカの国民は、戦闘能力では有益な軍事サービスを期待しており、ＯＮＲはその責任を重く受け止めている。今大会のように、善意の事業を促進させることはより国際的な友情やパートナーシップを作るという点でも評価できる」

軍事研究禁止か、容認か。最高学府は矢面に立ち、学内は揺れる。

私は一連の混乱を取材し、軍事研究とそうでないものの線引きが非常に難しいのをひしひしと感じた。軍事研究容認を目論《もくろ》む政府の方針にあわせるかのように、東大にいる研究者さえ、「何に技術が使われるか」「どこからその資金が出ているのか」より、「技術開発のおもしろさ」に取り憑《つ》かれ、学生を巻き込みつつあるようにも見えた。

安全保障法制の拡大論議と並行して、政府が打ち出したデュアルユース議論は、デュアルという言葉を隠れみのに、その先にある軍事の技術を発展させたいとする政府の思惑が透けてみえる。

防衛省幹部が取材中にこんなことをつぶやいた。

「一番、抵抗する東大が政府の方針に倣えば、あとはさみだれ式に歩調を合わせていくでしょう。政府がデュアル推進を打ち出したことで、徐々に全国の大学や研究機関も歩調を合わせていくはずです」

第6章 デュアルユースの罠

研究代表は日本国籍――防衛省の新たな資金制度

防衛省は２０１５年度から、初めて資金提供の制度を立ち上げた。「安全保障技術研究推進制度」で、民間や大学の持つ最先端の科学技術を防衛装備品に活用することを目的とする。大学や研究機関から応募を募り、研究が採択されれば、年間最大３０００万円の資金を３年にわたり受けられるというものだ。

公募要項によると、研究の成果は原則として公開されるが、そこには例外の条件が付帯している。曰《いわ》く、

・研究期間途中の成果の公開については、事前に防衛装備庁に届け出をする。

・防衛装備庁が保有する情報あるいは、施設の使用を前提とするような研究課題は避ける。ただし、防衛装備庁が研究開発目的達成の上で、有効であると判断し、研究代表者と防衛装備庁との双方が認めた場合には、別途利用について調整する。

・進捗状況などを防衛省のプログラム・オフィサー（ＰＴ）や、プログラム・マネジャー（ＰＭ）が管理し、発表内容によっては研究終了後も継続的に防衛省への協力を行う

などである。

またこの制度の研究代表者は日本国籍を有することなども求められている。アメリカの国防総省の研究機関であるＤＡＲＰＡの研究でも、研究全体を取り仕切るプログラム・マネジャーらは、アメリカ国籍を有することが求められている。

一般に国防に関連する重要な責務を担う人間は、その国の国籍を有することが前提とされる。太平洋戦争などでの経験から、優秀な研究者であっても、研究者が他国の国籍を有する場合、その技術や研究が他国の国防にも利用される可能性があるという前提に基づいている。

防衛省の制度で同じように国籍の条件を設けた理由について、防衛装備庁技術戦略部は、「将来、防衛省が、ここで培われた技術にアクセスしようとした際、海外の国籍を持つ研究者が本国に戻ってしまっていると、研究にアクセスができなくなる可能性があるため、この国籍の条件を設けた」と説明する。

15年4月に発表された新制度は8月の締め切りまでに１０９機関が応募した（うち大学は58校）。採用されたのは9プランだったので、実に10倍を超える難関だった。

防衛省の新たな競争的資金制度に大学や研究機関の研究者が応募する背景には、運営費

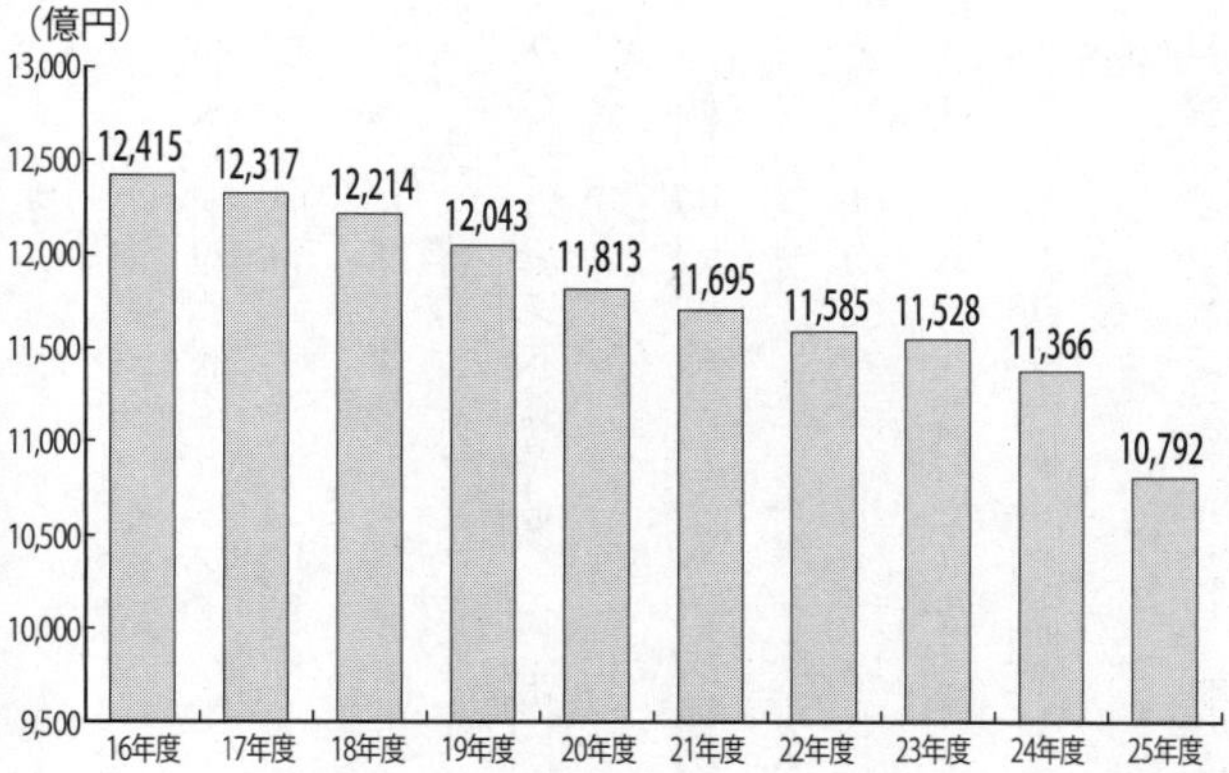

国立大学法人の運営費交付金総額の推移（出典　2013旺文社教育情報センター／年号は平成）

交付金などが極端に削られ、研究者自らが外部資金の自己調達を求められている現状がある。

たとえば国立大学の運営費交付金は04年度から13年度の9年で１６００億円ほど減少、これは中小規模の国立大42校分の交付額に相当する。16年度は１兆９４５億円と14年度からほぼ横ばい状態が続いている。

ＪＡＸＡ（宇宙航空研究開発機構）や理化学研究所（理研）などの研究に特化した機関である国立研究開発法人も他人事《ひとごと》ではない。国立研究開発法人への交付金も５年で約１２００億円減少している。

今回の制度にも「大学の運営費交付金の減少で、各省の助成金制度はどこも競争が激しくなる一方、背に腹は代えられないため応募に踏み切った」と取材に答えた研究者は多い。外部資金獲得のために、短期成果の出る研究が優先され、人文科学などのさまざまな分野で重要な学問の継承や発展に影響が出てきている。

採用された9プランのうちの三つがＪＡＸＡ、ＪＡＭＳＴＥＣ（海洋研究開発機構）、理研の国立研究開発法人が出したもので、大学は東京工業大、東京電機大、神奈川工科大、豊橋技術科学大の４大学だった。

いったいどのようなプランが採用されたのか、担当者にはどんな思いがあったのか。私は各プランの責任者への取材を申し込んだ。

マッハ5の極超音速エンジン技術

直接の取材に素早く応じてくれたのは、ＪＡＸＡだった。ＪＡＸＡは田口秀之研究員をリーダーに「マッハ５の極超音速エンジン旅客機の開発」で防衛省の資金制度にエントリーし、採用されていた。

国立研究開発法人ＪＡＸＡ本部は東京都調布《ちょうふ》市深大寺《じんだいじ》にある。案内された、エンジン開発を進める巨大な倉庫のような実験組立棟の中に入ると、高い天井の建物の中に、銀色のメッキに覆われた部品や機材がところせましと並び、実験組立棟の4分の１ほどの角の側に、開発中の長さ2メートル70センチほどのマッハ５を目指す極超音速エンジンが静かにたたずんでいた。訪問者が簡単に近づかないようロープが張られている。

そこで、将来の研究構想と夢を田口研究員が自信を見せながらゆっくりと語り出した。研究への思いは、１９６９年に入社した当時からだという。

「マッハ５の極超音速旅客機が完成すれば、日本とロサンゼルスを2時間で、全地球のあらゆるところにおよそ4時間で到達可能になります」

現在、世界最速の飛行機速度はマッハ３だ。マッハ１が秒速３４０メートルだから、マッハ３は秒速１０２０メートル。マッハ５は秒速１７００メートルで、時速に直せば６１２０キロメートルというからとてつもない速さだ。飛行機に搭載するマッハ５のエンジン開発は事実上不可能ともいわれてきた。

当初は机上の議論でしかなかったが、田口研究員は構想を学会などで少しずつ発表、予算をもらいパーツごとの実験や研究を進めた。そして２００３年から実際に設計を開始し、08年にエンジンが完成する。世界で初めてのエンジンの燃焼実験を成功させたとして話題になった。

成功の裏には、ＪＡＸＡの持つ世界トップレベルのコンピューターシミュレーション技術がある。これにより、極超音速の空力性能（空気中で動く物体に対して気流が作用する力）をコンピューターで計算し、最適な機体形状を求める設計プログラムを開発することが可能になった。

15年2月には、液体水素を用いて、マッハ４で作動できるエンジンの燃焼実験を世界で初めて成功させた。マッハ５の極超音速旅客機ができれば、宇宙観光や大陸間の超高速移動も実現できるとされ、空の世界を変えると、関係者が寄せる期待は大きい。

田口研究員は、防衛省の新制度で燃料がより安価で安全性の面からも供給しやすい炭化水素でのエンジンの開発、実験を進めるという。

そこかしこに市販のプラスチック製のつなぎテープが付いている。開発中のエンジンを指さしながら教えてくれた。

「これはものすごく金のかかるエンジンなんです。でも全部自分たちで設計して組立も自分たちで行うなど、手作業を入れて安く抑えました。ロケットエンジンの開発を同じ態勢でやったらかなりかかるでしょう。実際、つなぎテープもこのように市販のものを使って安く済ませているんですよ。恥ずかしいですけどね。でもお金をかけるところはかけています。

防衛省からの資金は、もともと我々が持っている年間の予算と同じで大きな額ですね」

予算が厳しい中で、手づくりにこだわり時間をかけた過程を誇らしげに語っていた。

私は、防衛装備品に応用される可能性について聞いた。

——それが紛争地で、戦闘機に使われる可能性についてはどう思っているのですか？

「一般論として技術に色はないと考えます。三菱重工の『ＭＲＪ』は民間で作っていますが、防衛省は『心神（Ｘ２）』を作っています。民間としても未踏の領域、防衛としても未踏の領域です。私のプランも三菱重工のプランも、防衛省にとって開発に値する技術だということでしょう。それで防衛省に採択してもらえたのだと思っています。

我々はマッハ５で飛ぶ技術を開発します。それを民間、防衛省が活用したいということであれば使ってほしいと思います」

私はあまりの割り切りのよさにショックを覚えた。

さらに、国立の研究開発法人でもあるＪＡＸＡの立場を考えてこう話してくれた。

「日本の国策を実現するために開発するということもあります。我々もそれに従って研究します。ＪＡＸＡの中で認められた範囲内で研究するということです」

取材に立ち会ったＪＡＸＡの張替正敏《はりがえまさとし》航空本部事業推進部長は、繰り返し、ＪＡＸＡの目的はデュアルユース技術ではなく、「民間旅客機」のためのエンジン開発であることを強調した。

「デュアルユースを目指してということではなくて、極超音速旅客機を目指して技術を蓄えていくのが使命だと思っています。

ご指摘のようにそれが防衛にも転用可能ではないかと言われれば、それはそうでしょう。デュアルユースを目指して作っているわけではありませんが、その技術を高めた結果、防衛の技術に生かされるというのは仕方ないのかなと思っています」

何度も繰り返される「民間旅客機のために」という言葉を聞きながら、私は張替氏が防衛省からの資金に戸惑いを持っているのではないか、と感じた。「開発を進めるために資金は欲しい。けれど防衛省の装備品にはできるだけ、技術を使って欲しくない」そんな本音が聞こえてくるような気がした。

私は後日、防衛省の幹部にこの件を尋ねてみた。その幹部は田口研究員の研究への期待を隠さなかった。

「マッハ５のエンジン研究は発展させれば、戦闘機などにも充分に応用可能でしょう」

最終的な研究成果は公開されるが、防衛省が結果を「良好」と判断したものは、15〜30年かけて武器に応用していく方針だ。

海洋研究開発機構も応募

2015年12月、海洋資源の探査や調査などを行う、神奈川県横須賀市夏島《なつしま》町にある海洋研究開発機構(JAMSTEC)の本部へ向かった。JAMSTECは、夏島貝塚の先にそびえ立ち、かつて日本海軍の研究所が存在していた敷地だけあって、面積は東京ドームの1・5倍、6・6万平方㍍と実に広大な敷地を持つ。潮風が心地よく吹くなか、観測船や調査船などJAMSTECが所有するさまざまな船が岸壁に接岸しており、そこで働く多くの人々の姿が見えた。歴史ある巨大な海の研究所の存在を肌で感じた。

JAMSTECは文科省が所管する国立研究開発法人で、1971年に、科学技術庁(当時)の認可法人「海洋科学技術センター」として設立された。以降、海底資源の調査や分析、深海での採取のための技術開発など、日本周辺の海底に関する多種多様な調査や研究を続けている。

そのJAMSTECも今回の防衛省の新制度に応募、研究プランが採択された。水中での高速かつ安定した光無線通信の確立を目指す研究だ。リーダーの澤隆雄《さわたかお》研究員は、色白でイケメンの若手研究員だったが、その意義について力を込めてこう話した。

「水中ロボットから光無線通信を介しデータを回収できるようになれば、データ採取のために毎回、船や人を出す必要がなくなるので、経費も極めて安くなり、人手もかからないので楽になります。データも途切れず、観測も継続的にできます。

水中での光通信技術を確立し、生物のカメラ画像から、地震データ、海底火山、海底資源などのサンプルデータが採れるようになることを目指したいですね」

とはいえ、この応募には紆余《うよ》曲折があった。

前述したようにJAMSTECは、71年に「海洋科学技術センター」として発足したが、その際、目的や業務内容が法律で決められている。

「平和と福祉の理念に基づき、海洋に関する…（中略）…学術研究の発展に資することを目的とする」

当初は、「平和と福祉の理念に基づき」の文言は入っていなかったが、設立の目的をめぐり、衆参両院で議論が起こった。それに対し、西田《にしだ》信一《しんいち》科学技術庁長官（当時）が「軍事目的のための研究開発というようなことはまったく考えていません」と答弁して防衛庁

（同）との共同研究も否定。非軍事の研究機関であることを明確にするため、加筆修正されたのだ。

そしてこの文言は、2004年に現在の名称に変更された後もJAMSTEC設置の根拠となる海洋機構法に引き継がれていた。

しかし、JAMSTECは、14年4月に防衛省技術研究本部と研究協定を結び、水中音響通信や無人探査機のシステム化について試験結果などの共有を開始している。この協定締結時には「平和と福祉の理念」に反しないかについて、各部署で議論があったという。最終的に、

「『平和』＝『非軍事』ではなく、『平和』を『国民の安全確保に資する活動』と捉《とら》えれば機構法に違反しない」

と結論づけ、所管省庁の文科省にも報告し了承を得た。防衛省の新制度への申し込みも同じ判断で認められたという。

応募の背景には、資金獲得の難しさもあった。澤研究員は取材の過程でいくつかの例を挙げながら、時に悩ましい表情を浮かべ、応募に至った理由を話してくれた。

「海底はビジネスとしてあまり儲《もう》からないと思っているところが多く、スポンサーになっ

てくれる民間の企業は非常に少ないのです。海洋調査や災害を想定すると、非常に役立つものではあるのですがね……。決して防衛省にこだわっているわけではないのです」

そして複雑な胸の内を明かしてくれた。

「（防衛省に）兵器を作ってくれといわれたら断りますよ。海洋研究開発機構には四つの指針があり、研究のためには平和を念頭に置きなさいといわれています。明らかに平和から逸脱しているというのは機構の組織の理念から外れます。

あとは正直、自分ではコントロールできないなぁというのがあります。技術を使ってどうするのかというのは防衛省が決めることだから、それはわからないというか、コントロールできないなとは思います」

――武器として悪用される可能性を考えることはありますか？

「たまに聞かれるんですよ、10年後、20年後に悪用されたらどうするのと。それはいやですよ、と答えます。もしそうなったら、大きな悔いが残るでしょう。でもそれをいうと研究が進まないのです。

よくいわれるのがノーベルのダイナマイトですよね。よしとして開発された後に戦争に利用されてしまいました。ノーベル自体が悪人だったかといえば、そうではなかったので、難しいですね。世の中そういうものなんでしょうかね。

(15〜30年後) その段階で (自分の技術の応用が想像とは) 違うものになっていたら、そのときは私も防衛省にもの申しにあがりますよ。『(当初の話と) 違うんじゃないですか』と」


しかし、澤研究員がいくら抗議しても、そうなったときはもう後戻りすることなどできないだろう。武器としてどう悪用されるかはわからない、安全なものだけに使われる保証はなにもない、そう頭ではわかっていても「資金が必要だから」と、どこかで気持ちを割り切り応募した——澤研究員のそんなやりきれない思いが伝わってくるようだった。これが防衛省の新制度に直面した、多くの研究者の心の中なのだろうか。

応募大学で広がる波紋

一方、採択された大学に目を向ければ、そこでもさまざまな波紋が起きていた。

東京電機大では、これまで防衛省との共同研究の前例はなく、防衛省から資金を受ける研究者もいなかったため、防衛省から採択の知らせを受け、学内に衝撃が走った。

「なぜ、応募を許可したのか。大学に軍事研究を禁止する倫理規定を作ってほしい」

東京電機大の理工学部で開催された教授会で、前島康男教授らが当時の古田勝久学長らに詰め寄った。

採択されたのは理工学部の島田政信教授のテーマだ。

２機の無人機を使い、溶岩流や遭難者など低速で変化する移動物体をレーダーで捕捉《ほそく》する技術を開発するというもの。いずれもすでにある民生技術を利用する。

かつてＪＡＸＡに在籍していた島田教授は、衛星からのレーダーを使い、自然災害や温暖化などで変化する地形などを捉える技術の研究を続け、自然災害などの分析で世界に大きく貢献してきた。

会ってみると、温厚そうで優しい語り口の紳士的な方だった。ＪＡＸＡに在籍していた時期も、自然災害や地形変動などに関する研究が主で、軍事とはおよそ無縁の研究生活だったという。新制度への応募に対しても、自然災害のための技術であると強調する。

「あくまで地震や洪水などの自然災害や温暖化の影響を捉えるための技術開発です。防衛省の災害援助にも有益となると思っています。

防衛のための無人機開発に応用するには、さらに何百、何千億円の予算が必要で事実上不可能です。そうなるなら応募していません」

だが、アメリカにならい、防衛省は現在、偵察や警戒監視のみならず、ゲリラや特殊部隊への対処、対潜水艦戦、対機雷戦を想定した多用途での無人機開発を進めている。島田教授の研究に対して教授本人と、防衛省の見方とは一致していないようだ。

ある防衛省幹部はこう明言する。

「防衛戦略上必要な無人機レーダーの研究はすでに進めている。先生の研究で良い結果が出れば、現在ある無人機開発の中に、そのアイディアを発展させる形で反映したい」

東京電機大で抗議の声を上げた前島教授にも電話やメールを介して何度も取材をした。

「自分の大学での研究が、防衛省から資金を得た研究であることに非常にショックを受けました。大学の職員や学生の親からは『なぜこんな制度への応募を大学が認めたのか』という抗議も含めた問い合わせも受けました」

前島教授は、ある理工学部の大学職員から受け取ったメールが心に響いたという。

「電機大にはロボットやフォーミュラカー開発など、社会に夢や希望を発信できる取り組みが多々あるのに、全国扱いのニュースで初めて東京電機大の名前を知った方には、軍事に関わる大学として記憶されてしまったと思うと残念で悲しい。これから10年先、20年先の学問研究の自由や教育の豊かさを損なわないためにも、全国の大学がつながり、資金面を利用しての（政府の）大学教育へのコントロールにはノーを示して欲しい」

前島教授は、15年11月の理工学部の教授会で、大学内の研究倫理教育責任者である井浦《いうら》雅司《まさし》理工学部教授に、軍事研究に関する倫理規定を作成するよう求めた。

年が明けた16年1月の教授会でその点を再度問うと、井浦教授は「年度末で自分は退任するため、倫理規定の有無などは検討していない」と回答したという。

「年度末までなら3カ月あります。11月からなら5カ月もありました。退任を言い訳にしていますが、結局学内で軍事研究に関する議論はしたくないということなのでしょう」

大学内での動きに対し、研究を採択された島田教授も顔を曇らせた。

「研究費が得られるなら防衛省でなくても良かったのです。研究は軍事的なものをまったくイメージしていないのですが……」

防衛省の新制度に応募する前に文科省や国土交通省に同様の研究を、災害や温暖化対策を目的として応募したがいずれも落とされたという。

「ＪＡＸＡにいたときと違い、研究費を自ら調達しなければ研究がまったく進まなくなってしまいました。国立大学の研究者の年間研究費がいくらか知っていますか？　平均で42万円ですよ。うちの大学はそれよりはいいですが、それでも学会への参加費用などだけでお金は消えてしまいます。よい研究成果を出すためには、競争的資金の応募先を選り好みできるような状況ではないのです」

反旗をひるがえした大学も

防衛省の制度に反旗をひるがえした大学も出た。

新潟大は防衛省の競争的資金制度の創設を受けて、大学教員からの「このような制度に大学として応募することを許可するのか」という問いに対し、15年6月、理事長、学長を含めた大学教授らによる研究委員会を開催。防衛省の新制度には15年度は応募しないことを全会一致で決議した。

他大学の資料などを参考に新潟大学に軍事研究に関する規定がないという現状についても議論を重ねた。その結果、「学問の目的は、人類の福祉であり、大学において軍事研究をすることは相応《ふさわ》しくない」と判断。大学において、軍事研究への倫理規定を新たに加えるため、どのような文面ができるかなど、各学部の教員の意見を聴取することになった。

その後、2回の議論を経て、新潟大学の科学者の行動指針には、「科学者はその社会的使命に照らし教育研究上有意義であって人類の福祉と文化の向上への貢献を目的とする研究を行うものとし軍事への寄与を目的とする研究は行わない」とする項目が新たに追加された。

私は全国の大学でも画期的なこの取り組みに興味を覚え、新潟大に取材を申し込んだ。話を聞かせてくれたのは高橋均《たかはしひとし》副学長だった。

「一番優秀な技術ほど、軍事にも利用されやすい。私たちの大学は地方にあっても1万人を超える学生を持つ大学です。そういう大学で少なくとも軍事研究をして、戦争に邁進《まいしん》するような研究をするというのはだれが見てもおかしいでしょう。こういうことをきちんと出すこと、明示することが重要だと思ったのです」

防衛省が新制度への技術募集について、民生にも軍事にも利用できる「デュアルユース」を掲げることについてはどうか。

「すぐにはすべてを信じがたいというところもあります。大学として応募するかどうかは各大学の自主性に任されている。今回（防衛省の新制度を受けて）行動指針や研究指針など、学問の自由の問題に立ち入って、いろいろ変える大学は少ないかもしれませんが、新たな指針を頭に入れながら研究をしていこうということで作りました」

防衛装備庁の本音

民生技術の軍事技術への取り込みを狙う防衛省にとって、新たな競争的資金制度は、防衛省が気付いていないような民生技術を掘りおこし、軍事技術への転用を狙っていることが明らかになった。

2015年11月、神奈川県横須賀市にある防衛大学校の社会科学館で、日本防衛学会の秋季研究大会が開催された。そこで「防衛装備移転三原則後の日本のデュアルユース技術戦略」と題し、アメリカの経済安全保障戦略などに詳しい、同志社大学副学長で大学院ビジネス研究科の村山裕三教授が報告を行った。

「防衛研究推進制度（安全保障技術研究推進制度）のような形で、『こういう分野にお金がつきますよ』『こういう技術を持っている人はこれに応募したら資金がつきますよ』というように、研究者側から応募してもらうようなシステムを作る必要があります。こちらから行ってもコストばかりがかかって実現しません。推進制度をもう少し世間一般に広めるような、（高度な技術を持つ企業や研究者の）匠のところまで届くような形で公募すればいいのではないでしょうか」

防衛省が把握しきれない民生技術の軍事への取り込みには、防衛省の新制度のように「国家予算」というニンジンをぶら下げさえすれば、コストなくして技術の開拓、発見が可能だということだ。

村山教授は赤裸々に話す。

「防衛技術、軍事技術というと大学は手が出しにくい。同じ技術でも基礎的なところなので、安全・安心・対テロ・サイバー（テロ）などというような看板をつけると対応がぜんぜん違います」

さらにデュアルユース（軍民両用）という言葉を巧みに利用し、大学や研究者を軍事技術に取り込む重要性を繰り返し訴えた。

村山教授とともに登壇した、防衛装備庁の堀地徹装備政策部長が話を加えた。防衛省が14年は6月に打ち出した「防衛生産・技術基盤戦略」には「デュアル・ユース技術を含む研究開発プログラムとの連携・活用」について「デュアル・ユース技術活用の効率的な推進のためには、大学や研究機関との連携強化を図るとともに、政府等が主導する個別の研究開発プログラム等を活用していく必要がある」と大学や研究機関の防衛技術への取り込みが明記された。

これを指して堀地部長が強調した。

「14年6月の『防衛生産・技術基盤戦略』のなかに『大学を巻き込んでうんぬん』というくだりを書いたのですが、そのときに大学の方から大きな反対があった。文部科学省でいろいろ荒れたけれど、押し切って、文部科学省の了解も取って出した。いまがまさに転換期だ」

「ファンディング制度（安全保障技術研究推進制度）は、七帝大を除く主要な大学、たとえば東工大も応募していただきました。成果は基本的にオープンにしており、大学として排除する理由はないような状態にしているので、時間の問題だと思っている」

なにが時間の問題なのか。堀地氏は明言しなかったが、文脈から読めば、軍事と大学や研究機関が一体化していくことを指すのだろう。私は背筋が寒くなった。

戦時下の科学者の責任

第二次大戦中に科学者が兵器開発に関与したのは主に海軍分野だった。兵器の開発はもともとは、海軍・陸軍ともに自分たちで行い、それで十分とされていたが、新兵器である原爆研究のため、海軍が現在の東大や阪大など第一線の物理学の研究者らに声をかけ、

1942年6月に「物理懇談会」という組織を立ち上げた。この組織結成を機に両者の関係は深まっていった。

懇談会を立ち上げた時点では、これといった成果は出ず、「(目指していた原爆の開発は)技術的に困難。日本でできないのだから、アメリカにもできないだろう」という結論に至り、物理懇談会は1943年に一度解散したが、この懇談会で海軍と大学との間につながりができた。

レーダーに必要なマグネトロン(真空管の一種)の研究では、科学者らの協力が不可欠であることがわかり、以降、緊密な関係は終戦まで続く。

海軍は、科学者には研究の全容を知らせなかったが、東京帝国大学工学部を出た後、海軍の技術大佐になった伊藤庸二《いとうようじ》は、戦後の回顧録『機密兵器の全貌』(千藤三千造他著　興洋社)の中で、このときのマグネトロンの研究は「殺人光線計画」の一つだったことを明かしている。

マグネトロンの研究は、日本だけでなく、世界的に軍人と科学者が接触を深める契機を作った。マグネトロンは民間での技術開発が圧倒的に進んでいたが、イギリス軍は39年に、アメリカ軍はその後、それぞれ民間の技術開発にたずさわっていた科学者にマグネトロンの研究協力を仰ぎ、戦争兵器の技術に利用していこうとした。世界を見ても、第二次大戦中は、アメリカ、イギリス、カナダが原子爆弾の開発・製造のために、原子力の研究施設を建設したり、科学者や技術者を総動員した「マンハッタン計画」が進められ、45年7月に世界で初めて原爆実験を実施。8月6日に広島、8月9日に長崎に原爆を投下、数十万人の犠牲者を生みだした。

日本でも戦時中は、物理学会で権威と実力を兼ね備える多くの科学者が、軍との連携により兵器の開発研究にたずさわった。

初代の大阪帝国大学総長を務め、物理学会の重鎮とされた長岡半太郎《ながおかはんたろう》は大学で、多くの弟子を育て、軍事研究に送り込んだ。40年に、陸軍航空技術研究所長にウラン爆弾の開発を提言した理化学研究所の仁科芳雄《にしなよしお》は長岡の弟子で、ノーベル物理学賞を受賞した朝永振一郎《ともながしんいちろう》もまた、指導者の仁科に誘われ、海軍のマグネトロン研究にたずさわった。仁科は、特に軍と科学者をつなぐ中心的な役割を果たしたと言われ、陸軍からほぼ丸投げされた軍事研究などにもたずさわっていたとされる。

軍事研究に反対の意を示し、特別高等警察（特高）に逮捕された物理学者の武谷三男《たけたにみつお》のような研究者もいたが、多くの研究者は戦時に軍事研究との関わりを持たされた。「お国のために何かすべし」という戦時下の国民全般に広まっていた意識も影響したのだろう。
生きたままの中国人を人体実験していた、ハルビンの731部隊に医師として赴任した東京大学医学部の秋元寿恵夫《あきもとすえお》氏は、『医の倫理を問う―第731部隊での体験から』（勁草書房）の中で深く反省の弁を述べている。

「『実験研究』の主犯ともいうべき第一部に在籍していながら、幸運にも何ひとつ自分の手では、良心の呵責《かしやく》にさいなまれるようなことはせずにすんだ。しかしそうはいうものの、あの一年三ヶ月の間、月例研究会などで、これでもか、これでもかといわんばかりに、悪逆無道な振る舞いを見せられたり、聞かせられたりするたびに、おのれひとりがみてみぬふりをしていなければならなかったそのつらさは、これもまた罪の意識という点では変わりはなかった」

対照的に、日本海軍の殺人光線計画などが行われた極秘実験場の「島田実験場」（静岡県）に出入りしていた朝永振一郎はじめ、計画にたずさわった物理学者らの中で、戦後、戦時中の兵器開発に触れ、反省の弁を述べたものは見当たらない。

1945年9月、アメリカの科学情報調査団であるコンプトン調査団が、日本の科学者の戦時の軍事研究を調査するため島田実験場を訪問したときも、軍が彼らをカモフラージュしたため朝永振一郎や湯川秀樹《ゆかわひでき》らは、調査を受けなかったようだ。

物理学者たちの淡白に見える態度の理由とは。

私は戦時中の科学動員史に詳しい東京工業高等専門学校の河村豊《かわむらゆたか》教授に取材を試みた。河村教授は、2時間ほどの時間を割き、戦中に科学者がどのように政府の進める兵器開発に組み込まれ、時に積極的に関わりを持ったのかを、一つ一つの事例をもとに丁寧に説明してくれた。

「戦時下であれば兵器を作る、国の意向に沿うのは当たり前ですし、東京大空襲の後などでは、特に国のために協力したいという気持ちが強くなっていたのではないでしょうか。自分の専門分野で思う存分研究ができ、答えが出るおもしろさもあったでしょう」

「科学者が心理的な負担を負わないように軍は科学者への情報を制限していました。そして、軍にとって有益な研究を行う研究者には、軍の莫大《ばくだい》な予算を惜しみなく出していました。科学者にとっても研究対象への知的欲求が満たされ、兵器開発への贖罪《しょくざい》意識は薄かったと思われます。双方の思惑が一致していたのでしょう」

軍事研究に深く関わった科学者は、軍人のように法廷で裁かれることはなく、兵器研究からマイクロ波や通信技術、素材研究などの民生品や平和研究へと大きく転換した。戦後の急激な変革の中で、日本では、戦時における科学者の責任を総括しておらず、戦争と科学者がどう対峙《たいじ》していくべきかが、曖昧《あいまい》なままになった。

研究者に対して心理的な負担を負わせないようにする現在の防衛省の気遣いは、当時と変わらない。河村教授はその危険性を指摘する。

「兵器ではない、デュアルユースだからいい、技術は公開されるから検証可能、非人道的兵器を作るわけではない、と科学者が言い訳できるようになっています。ただ本当にそうなるかは何の保証もありません。特許の関係で公開できなくなったといわれるかもしれないし、後に兵器に応用されるとわかって抗議しても研究が消去されるわけではありません。一度扉が開けば、あとは一気に開いていきます。動かなかったものが動き出す、防衛省からすればそれが一番大事なのです」

研究機関に対して運営費交付金が減る中で、防衛省の研究だからやめたいと思っても、戦時中と一緒で、「研究開発のためにどこの省庁や機関のお金でもいいから欲しい」と、そこに集まる科学者の流れは止まらないだろう。

いったいどうすればいいのか。

「電気学会、物理学会など学会ごとに軍事研究にどんなスタンスを取るべきか、議論を重ねて規範となるような倫理規定を策定する必要があるでしょう。

現在の研究者の倫理の授業では、捏造《ねつぞう》や資金の不正使用はダメということは教えますが、軍事利用は学会も含めてなにも触れていません。軍事利用の禁止を掲げてきたのは、国際的に核兵器への転用が懸念されている日本原子力学会ぐらいでしょう。研究者頼みでやるのは限界があります」

国立アカデミーの宣言

科学者と軍事研究の距離が定まらない中で、大きな動きがあった。

大学や研究機関を横断した科学者の団体「日本学術会議」でのことである。日本学術会議は日本の科学者・研究者を代表する機関で、内閣府の特別機関だ。

210名の会員と、約2000人の連携会員で構成される。会員になるのは簡単ではなく、優れた研究・業績のある研究者から任命される。人文・社会科学、生命科学、理学・工学の研究者が会員であり、科学の向上発達を図り、行政、産業および国民生活に科学を反映浸透させることを目的としている。任期は6年で3年ごとに約半数が任命替えされる。経費は国の予算だが、活動は政府から独立して行われる。

いってみれば科学者の国会ともいえる機関だ。

日本学術会議は、太平洋戦争で、軍事に科学技術の研究を利用された負の歴史の中から、「戦争を目的とする科学の研究には絶対従わない」とする声明を、1950、67年の二度にわたり発表している。

朝鮮戦争が勃発《ぼっぱつ》した50年は、GHQの指令で警察予備隊が創設された年だ。その後自衛隊ができ、日本の再軍備化が進む中で50年4月、日本学術会議は「戦争を目的とする科学の研究には絶対従わない」とする決意表明を圧倒的多数で可決した。

54年にはアメリカの水爆実験で第五福竜《ふくりゅう》丸の乗組員が犠牲となり、原水爆禁止の署名運動が広がる。原水爆禁止世界大会や、核兵器廃絶と科学技術の平和利用を訴える「ラッセル・アインシュタイン宣言」が出されるなど、国際的な核廃絶の世論が高まる中で、67年、日本物理学会が半導体の国際会議を主催、日本学術会議が後援した際、日本物理学会がアメリカ陸軍の資金提供を受けていたことが判明した。

当時、会長だった朝永振一郎が謝罪し、発足時の精神を振り返り、「軍事目的のための科学研究を行わない」とする声明を再度決議した。以降、二度の声明が学術会議の基本的な姿勢として現在まで引き継がれている。

当初は日本の研究者を代表する機関であり、権力から一定の距離を置く「科学者の国会」という色合いが強かった日本学術会議だが、会員選出制度の変更など、再三にわたる組織改編などにより、会議の性格そのものが変容していく。本来のバランスがとれた科学や技術を提言できる組織ではなくなっている、と指摘する会員もいる。

「かつて学術会議は、『科学は人類の平和と福祉に貢献するもの』で、特定の政府や財界のためにあるのではないという立場で意見を述べていましたが、現在は政府主導の総合科学技術・イノベーション会議のシンクタンクになってしまった」

実際、97～2003年まで会長を務めた吉川弘之氏以降、5人のうち3人の会長が、任期中から政府のシンクタンクに3人が配置されている。また、政府独自の「総合科学技術会議」(14年5月から「総合科学技術・イノベーション会議」と名称変更)では、議長は内閣総理大臣が務めるが、14人の議員のうちの一人は現在、日本学術会議の会長である大西《おおにし》隆《たかし》氏だ。

大西隆会長は14年から豊橋技術科学大学の学長も務める。

その大西氏が会議の総会で私見を公開して自由討議が紛糾するという事件が起こった。16年4月に開催された日本学術会議第171会総会の活動報告の中でのことだ。

突然の私見披露

「自衛隊の目的にかなう基礎的な研究開発を大学などの研究者が行うことは許容されるべきではないでしょうか」

「許容範囲がどれほどかについては、自衛活動に関する国民合意を踏まえた判断が必要で、これらについて日本学術会議の見解があってもいいのではないでしょうか。デュアルユースについては、科学者の倫理として、各研究者が適切に対応すべきです。

1954年以来、自衛隊への国民意識が変化してきており、好意的な意見が90％を超えています。これを踏まえて防衛省の安全保障技術研究推進制度を検討する必要があると考えます」

突然の私見公開に会議では異論が噴出した。

京都大の山極壽一《やまぎわじゅいち》総長は、歯止めが利かなくなる状況へ危機感をあらわにした。

「会長は、国民の90％が自衛隊の存在を認めているとお話しされました。しかし、自衛隊の活動全般にわたって国民の総意は得られていません。それを踏まえ、なんらかの提言をする場合は、自衛隊の活動への論議はまだ熟していないと考えていただきたい。

またデュアルユースの問題については、これはまさに研究者の自由にかかわるものです。(防衛省の新制度は)防衛のために使うことは初めから担保されています。この研究が少なくとも安全保障という言葉に代替されても、防衛に使うことを認めるということになるのです。そこの切り分けがはっきりしないうちに、研究者の自由、研究の自由という名のもとに、研究者個人の倫理観に帰するような声明を出しては、まったく歯止めが利かなくなってしまいます。これまでの日本学術会議の声明を変えることのないような文言を考えていただきたい」

私は会議後、大西会長にコメントを求めた。

――なぜ突然私見を公開したのですか?

「少しはっきりさせた方がいいかなと思ったのです。国民が自衛隊を否定していて自衛隊に協力するなといっているわけではないので、そういうのを踏まえ研究者としてはどう捉えるのかという問題でしょう。

防衛省の資金だからといってすべてを閉め出していては、防衛技術が衰退するかもしれません。日本は頼りない、日本の学者は頼りないとなるかもしれません。だから、すべてを否定するのではなく、許容すべきではないかと思うのです。私見ですが」

後日、この総会を受けて学術会議は、大西会長や山極総長ら15人のメンバーによる「安全保障と学術に関する検討委員会」を設置した。今後、防衛省の新制度が、学術の公開性や透明性、学術研究全体に及ぼす影響など5テーマについて、17年9月までを目処《めど》に議論を重ねていく。

全国で集まった9000人の反対署名

ここで豊橋技術科学大の大西学長のことについて少し触れておきたい。

豊橋技術科学大は、防衛省の新制度に採択された大学の一つだ。研究テーマは「有害ガス吸着シートの開発」の研究だ。

この決定に対し、「大学の軍事研究に反対する署名運動」事務局長の野田隆三郎・岡山大名誉教授らは、16年3月、豊橋技術科学大を訪れた。９０００人を超える抗議の署名を添え、軍事研究を行わないよう求める大西隆学長あての申し入れ書を提出した。

野田氏は、大西学長が、戦争目的の科学研究を行わない声明を出した日本学術会議の会長であるとし、「国民の大多数は研究成果の軍事利用を望んでいない」として、大学で軍事に寄与する研究を行わない規定を作成するよう要望した。

大西会長は取材に対し、応募を許可した理由をこう語る。

「今回応募した研究、それ自体は攻撃的な兵器ではなく、自衛であり、防御のための技術であり、戦争協力には当たらないと大学では判断した。憲法も自衛のための研究を否定しているわけではない」

それに対して署名呼び掛け人の野田氏は、強く非難する。

「大西会長の反論を聞き愕然《がくぜん》とした。1967年に日本学術会議が出した声明からは、大西さんが言う『自衛のための研究は否定されていない』と読み取ることは不可能です。あらゆる近代の戦争は、『自衛のため』と軍事研究が推奨されてきました。自衛の軍事研究と戦争の軍事研究の間に境界はありません。『自衛』の名の下に科学者が研究に手を染めれば、歯止めを失い、際限なく軍備のための研究が拡大します。

安保法が成立し、戦争への傾斜が進む現在こそ、50、67年の日本学術会議の二つの声明が生かされなければなりません。戦争の歴史から学んだ先人たちが堅く誓った軍事非協力の声明を形骸《けいがい》化させてはならないのです」

署名運動は大学教授ら22人の学者・研究者が呼びかけ人となり、2015年10月から16年2月まで行われた。申し入れは、「軍事目的での研究は禁止」との倫理基準を持ちながら、防衛省の新制度に応募した関西大に次いで2校目で、最終的に18大学に申し入れをし、全国の大学に対しても軍事研究に関与しないよう求める要請文と大学への報告内容を郵送した。

大西会長の、自衛目的の研究は容認されるべきだとする見解は、おそらく一定数の科学者たちの声、ないし政府・防衛省の意見を代弁するものなのかもしれない。しかし、それはこれまで時の権力と一線を画し、平和な世界を希求する科学者の姿勢を世に訴えてきた日本学術会議の姿勢とはおよそ異なるものだ。

野田氏も指摘しているように、ほとんど戦争は「自衛目的」から始まっている。安倍政権の下で、集団的自衛権の行使が認められた現在、自衛隊は大西会長のいう「個別的自衛権」の範囲を超え、「集団的自衛権の行使」に踏み切り、活動が行えるようになった。

いまだ国民の間でもその議論が二分される、集団的自衛権の行使を担う自衛隊の活動や自衛隊が使う防衛装備品への適用を視野にした防衛省の制度への応募を許容するような姿勢を日本学術会議が打ち出すつもりなのか。

その点に関し、大西会長に対し、記者会見の場でも質問を投げかけてみたが、明確な回答を得ることはできなかった。

防波堤は科学者個人の倫理観のみ

研究者が軍事研究と一線をどう画していくべきか。現在、防波堤となるのは科学者としての倫理観のみだ。

デュアルユース技術の在り方について、研究者や科学者、学生ら個々の倫理観に頼り、その責任や判断を負わせるやり方には限界がある。

太平洋戦争の歴史の反省に立ち、研究者が軍学共同と一線を画すためには、デュアルユースの意義、その在り方について、研究者や私たち市民一人一人が日々議論を重ね、軍事に対する科学者の倫理観を鍛える必要があるのではないか。研究者が研究開発の刺激にのみ左右され、軍事研究に傾倒していくことがないよう新たな規範や枠組みを築いていく必要があるのではないか。

第7章

進む無人機の開発

一人のパキスタン人少女との出会い

最終章にあたって、防衛省が力を入れている武器政策の一つである無人航空機について触れておきたい。私がこの武器に特に注目しているのはある少女との出会いがきっかけだ。ナビラ・レフマンさん。12歳のパキスタン人。彼女は、2012年10月のアメリカのイスラム過激派掃討作戦での無人攻撃機による誤爆で祖母を失い、自身も右手を負傷した。フランスのテロ事件など、ISによる被害は多く報道されているが、アメリカや多国籍軍による民間人の被害が多くあることは、あまり知られていない。ナビラさんはその被害者の一人だ。

ナビラさんは無人機攻撃の残虐性を訴え世界を回っており、13年には教員の父や支援者の弁護士とともにアメリカを訪れた。その数週間前には同じパキスタン出身で、イスラム武装勢力TPP（パキスタン・タリバン運動）に銃撃され、一命を取り留めたノーベル平和賞受賞者のマララ・ユスフザイさんがオバマ大統領と面会を果たしていた。しかし、ナビラさんが被害を訴えるアメリカの公聴会に出席したのは535人いる連邦議会議員のうち5人だけだった。

ナビラ・レフマンさん（写真提供　宮田律氏）

２０１５年11月、日本に来た折にも超党派議員団に面会を求めたが、ナビラさんと対面した議員はゼロだった。

私はその事実を、彼女の支援を行っている現代イスラム研究センターの宮田律《みやたおさむ》理事長を通じて知った。彼女の話を直接聞きたいと思ったが、ナビラさんはすでに帰国の途についていた。

宮田氏にお願いして、ナビラさんの支援者でパキスタンにおけるアメリカ軍などの誤爆被害を調査する研究機関にたずさわるアシュラフ・アリ博士に電話とメールを何度か入れ、取材を試みた。

首を長くして待つこと数週間、やっとアリ博士から彼女の思いを聞くことができた。ナビラさんはこう伝えてくれている。

「アメリカを中心とした多国籍軍は、この地域に何十年にもわたって滞在することで、アフガニスタンを分断してしまうでしょう。アメリカはパキスタンの部族地域で400回を超える無人攻撃を行いましたが、何も変わりませんでした。彼らは関心あるテロリストの何人かを殺せたのかもしれませんが、パキスタンでのテロ行為はむしろ増えています。無人攻撃機に費やすのと同じ金を教育に費やせば、この地域を楽園にも変えられるはずです。無人攻撃機による攻撃を通じてではなく、教育による支援で、私たちを現在の悲劇から救い出してほしいのです」

ナビラさん一家は2012年10月、パキスタン北西部の北ワジリスタン管区の家の近くで牧草の刈り入れをしていた。突如、アメリカ軍の無人攻撃機が現れ、空爆に見舞われたという。離れた場所で、野菜摘みをしていた祖母は即死。ナビラさんの兄弟や従兄弟《いとこ》ら計9人も、爆発した弾の破片を受けて負傷した。

宮田理事長は言う。

「パリで起きたテロ襲撃事件で、ISの脅威がクローズアップされましたが、過激派支配地域で空爆を繰り返しているアメリカ軍などへの批判は極めて少ない。無人攻撃機で、多くの市民が犠牲になっている現状を直視すべきです」

〝3D仕事〟と高齢化対策に無人機

現在、防衛省はその無人航空機の開発に重点を置く。なぜなのか。ある幹部が無人機の利点を強調した。

「無人機は上空から敵情報を収集し、偵察を行うなどの役割を担います。ダル（退屈）、ダーティー（汚い）、デンジャラス（危険）の3D仕事は、自衛官が嫌う仕事です。無人航空機技術の開発が進めば、そういう仕事については無人航空機に任せることができ、仕事の効率もアップします。防衛省でも自衛官の高齢化が進んでおり、その対策にもつながります」

とはいえ、防衛省で研究開発が進むのは、偵察用の無人航空機が主で、アメリカやイギリスのように、攻撃型の無人戦闘機の技術開発、生産には至っていない。

では世界の武器市場における無人戦闘機の市場はどうか。結論からいえば、急速に拡大している。

国際軍事情報の大手であるIHSジェーンズは、2015年10月、軍事用の無人機市場は現在の64億ドル（約7700億円）から、毎年5・5％の割合で拡大し、2024年には2

倍近い100億ドル（約1兆2000億円）を超える規模になるとの予測を発表している。02年には200機に満たなかったアメリカ軍の無人航空機は現在は1万1000機、戦闘機全体の5％ほどが無人機に変わりつつあるという（雑誌ナショナル・ジオグラフィック13年3月号）。

安全保障問題の専門家のジョン・パイク氏は同誌で、「あと20年もすれば、有人軍用機の大半は無人機にとって代わられるかもしれない」と分析する。ＩＨＳの担当編集者のヒュー・ウィリアムズ氏は、ＡＦＰの取材に、「テクノロジーが成熟するにつれ、無人戦闘機も目にすることになるだろう。これらは人目につかないという特徴を持ち、高度に進化した爆弾の弾頭や兵器類を装備することになる。まずは有人機と併用され、最終的には多くの任務で有人機に置き換わるだろう」と述べている。

大型の無人偵察機について、民主党政権は16年度以降の導入を検討していた。その後の第二次安倍政権は、「中国・北朝鮮への監視能力向上が急務だ」として導入時期を前倒しし、「中期防衛力整備計画」（中期防）で無人偵察機の導入を盛り込んだ。

２０１４年末、防衛省は新たに無人偵察機として「グローバルホーク」を選定した。ア

日本が導入を決めた無人偵察機「グローバルホーク」(AP/アフロ)

メリカのノースロップ・グラマン社が開発したもので、高性能カメラや高感度レーダー、通信傍受機能などを備える。民間旅客機の約2倍の高度1万8000㍍を最大34時間、自動操縦で連続飛行し、上空から画像や電子情報などの収集も行う。購入の予算は、地上の施設整備も含めて総額で1000億円前後になるともいわれている。

防衛省の公募に際し、アメリカの大手無人航空機会社のジェネラル・アトミックス・エアロノーティカル・システムズ(GA-ASI)社も、無人偵察機「プレデターB改」で手をあげたが、運用高度は7600㍍で、有人機の飛行高度と重なることなどのため落選した。

防衛装備庁の幹部に決定のプロセスを取材し

た折、ため息交じりにこんなことを話してくれた。

「グローバルホークは3機で1000億円にのぼったが、GA-ASI社の武器は3機で100億円ともされ、10倍も高い買い物をしたことになる。しばらく無人機は買えないよ」

アメリカは、13年から在日米軍三沢《みさわ》基地（青森県三沢市）にグローバルホーク4機の配備を始めている。

そこには国防予算の削減が続くアメリカの思惑も見え隠れしている。

防衛省幹部はその点をこう指摘する。

「アメリカ国防総省は、防衛省に対しグローバルホークを日本が購入し、アメリカ軍が担ってきた役割を日本自らが、担うよう要求してきている」

購入したグローバルホークを航空自衛隊の三沢基地に配備し、アメリカ軍と共同で機体整備を行うなどして運用していく方針だ。

日本で初の「ドローン」国際展示会

防衛装備庁の選定には漏れたが無人機「プレデターXP」を開発するGA-ASI社は、

“殺人機”ともいわれるプレデターXP（Rodrigo Reyes Marin/アフロ）

世界の防衛市場に積極的に売り込みをかけている。

２０１６年3月、千葉市美浜《みはま》区の幕張メッセで、「空における新たな産業革命」をテーマに、ドローン産業の国際展示会&国際会議「ジャパン・ドローン２０１６」（日本ＵＡＳ産業振興協議会主催）が開催された。主催の日本ＵＡＳ産業振興協議会は14年7月に設立された社団法人で、日本の民生分野における無人航空機システム（ＵＡＳ）の振興を目的としている。ドローンパイロットの養成や、地図会社のゼンリンなどとドローン専用地図の共同開発などを行っている。

この展示会には、アメリカ、韓国など海外6カ国から、関連企業や大学など１１８社・

団体が参加した。

ドローン163機をはじめ、周辺機器など500点が展示され、3日間で8000人が訪れた。防災や警備などに関連してカメラセンサーや盗難防止装置がついた小型ドローンやその関連技術の展示が多い中で、展示物の大きさで一際目を引いたのが、GA-ASI社が展示していた偵察用無人機「プレデターXP」の実物大模型だ。

私もこのとき初めてプレデターの実物大を見た。全長8メートル、翼幅17メートル。パイロット座席が完全に覆われる無人偵察機は、昆虫の頭を想起させ、どこに焦点があるのかわからないその姿に不気味さを感じずにはいられなかった。

GA-ASI社の幹部は、無人機の役割について自信をみなぎらせながら話す。

「アメリカでは、自国の兵士を傷つけずに、偵察や監視、攻撃の任務が遂行できる無人偵察機、無人戦闘機のニーズが高まりつつあり、防衛戦略上も欠かせないものになっています。これまで有人偵察・戦闘機や有人ヘリコプターを開発していた会社も、無人機の仕様に造り変えて、開発に取り組み始めているほどです」

アメリカ企業の日本への売り込みが加速

ＧＡ－ＡＳＩ社は、無人機市場の拡大を見越して、１９９９年、イスラエルの空軍出身者が設立した会社を買収。無人航空機の開発を進め、無人偵察・戦闘機などを主力の商品として急成長を遂げた会社だ。

アメリカの政府市場を主に調査するＧＯＶＩＮＩ社によると、ＧＡ－ＡＳＩ社の無人航空機は現在、総予算90億ドルのアメリカ軍の無人航空機市場で約半分を占め、主力の無人機「ＭＱ－９リーパー」の売上げだけで全体の4分の1になる。

近年は、軍事だけではアメリカ国防総省の毎年の意向に販売益が左右されるため、顧客を広げる政策を世界で進めている。

「プレデターXP」などは、カナダやメキシコ、南米などアメリカ国土安全保障省が行う国境警備のほか、山火事や洪水などの自然災害、アメリカ航空宇宙局（ＮＡＳＡ）でも利用されている。

日本でも防衛省だけでなく、海上保安庁、農水省、気象庁などに売り込みを行っており、警備や気象観測、防災などの面で役立つとアピールしているが、機体そのものの単価が高いため、どの省庁も購入には及び腰だ。そのため機体や設備の購入をすすめるだけでなく、プレデターＢなどの無人航空機をＧＡ－ＡＳＩ社が運用し、監視や気象観測などの任務を省庁に代わって行うようなサービスも提示するほどだ。

具体的にGA－ASI社が日本政府や防衛省などにすすめるのは、プレデターB「ガーディアン」の導入だ。無人偵察機として使えるよう水上レーダーを搭載できる。全長11メートル、最大積載量1・7トン。

プレデターBは、誤爆による民間人の殺害などで国際的な批判を浴びた「MQ―1プレデター」の大型化した後継機で、ミサイルの搭載も可能だ。

GA－ASI社の幹部は、日本の無人機導入に壁があると認めた上で、自信を見せる。

「しかし、10年、20年、30年という長いスパンで考えると、偵察、監視、攻撃など防衛戦略でのあらゆる側面で無人航空機は有用となり、日本でも徐々に検討されていくようになるだろう」

ホテルニューオータニで無人機のシンポジウム

防衛省の無人機としてグローバルホークが採用されたノースロップ・グラマン社は、2015年11月、ホテルニューオータニでシンポジウムを行った。政府の防衛装備品の他国との共同開発推進などを受けたものである。

アメリカのステルス戦闘機F35（Getty Images）

冒頭で同社のジャック・ドーセット駐日代表が切り出した。

「2015年4月に日米防衛協力のための指針ができ、日米の防衛協力、統合運用の必要性が高まり、わが社にさまざまな機会を提示してくれた。今後は、日本政府や軍需企業との対話を密にし、日米の安全保障に資するものを提供していきたい」

グラマン社は、最新鋭のステルス戦闘機F35の胴体部分も製造する。15年10月にはアメリカで次期長距離爆撃機の受注が決定した。武器輸出での世界展開を進めており、日本の防衛省には前述の無人偵察機グローバルホークのほか、全方向を監視できるレーダーを装備した飛行機（早期警戒機）E2Dなども納める。13年の武器の売上高では、2兆4000億円と世界第5位だ。

このシンポジウムでは、大型スクリーンで開発中の最新鋭の無人攻撃機X47Bの映像も紹介された。

元海軍少将のティム・ベアード氏はスクリーンに映し出されるX47Bの映像を見ながら、聴衆に訴えかけるように言葉に力を込めた。

「人間には関わってもらいたくないようなリスクの高いもの、これに対処するために無人機は使える。特に空中給油ができれば、戦略上も有利だし、なにより有人訓練の必要がない。無人機によってシステム全体の燃料費が削減できる」

X47Bは、最新鋭ステルス戦闘機F35の2倍の航続距離を持ち、レーザー光線と高出力のマイクロ波で、敵のミサイルや通信施設、発射基地などを一挙に破壊する。空対空ミサイルを装備し、将来は日本を拠点にするアメリカ海軍第七艦隊に配備されるともいわれている。13年7月には難しいとされる空母（航空機が発着するための滑走路を備えた軍艦）への着艦試験にも成功している。

X47Bは、アメリカ軍が多用するほかの無人機よりも、より自律的に敵機などを判断し、相手を攻撃することができるといわれる。これまでの無人攻撃機は、人間による攻撃命令を主として主に過激派などとの戦いで使われ、国家の正規の軍隊を相手にするような大規模な軍事作戦には通用しないとされてきたが、X47Bは、自律（攻撃機自身が判断）して飛び、攻撃の可否を判断し、攻撃を加える能力と高いステルス能力を備えることから、大規模な正規軍への対応も可能になったといわれている。

正規軍との戦いを想定したステルス性を有した無人攻撃機は、アメリカだけで開発が進んでいるわけではない。

イギリスの軍事大手BAEシステムズは「タラニス」を開発、フランスのダッソーは「nEUROn」、ロシアのMiGは「MiGスキャット」、中国は「利剣《りけん》」など、自律型のステルス無人攻撃機の開発は世界各国で進められる。戦闘で自国が有利な戦況となるよう、自らを傷めず多くの人を殺傷できる無人攻撃機の開発競争に血眼になって取り組んでいるのだ。

使用はまだ先……防衛省の無人機

ここで日本の無人機開発の状況に目を転じてみたい。武器輸出解禁により、海外の無人航空機メーカーからの売り込みや共同開発などの提案が活発化する中で、防衛装備庁の無人機開発はどこまで進んでいるのか。
陸上自衛隊は現在、

①ＪＵＸＣ―Ｓ１（無人航空機）
②ＦＦＯＳ（遠隔操縦観測システム）
③ＦＦＲＳ（無人偵察機システム）

の三つを使用している。
①の「ＪＵＸＣ―Ｓ１」は、全長1㍍、重さ5㌔ほどの小型の無人機で携帯が可能だ。人が投げてリモコンを使って操作し、空中からセンサーや内蔵カメラを使って偵察を行う。
②の「ＦＦＯＳ」は、砲兵の観測用のヘリ型無人観測機。特殊部隊（大砲部隊）が射撃をした際、敵の情勢を把握したり、弾の着弾を観測する。
③の「ＦＦＲＳ」は、②の発展・改良型で、偵察用無人機として開発された。5㍍ほどの小型ヘリで、赤外線カメラやテレビ中継装置などを備え、偵察や情報収集などを行う。
いずれも自ら判断して飛行するわけではなく、リモコンを使った操作で使用されている。

一方、小型の無人偵察機の開発として、旧技術研究本部（現防衛装備庁）は、１９９５年から5年間で43億円をかけて、全長５・２㍍、重さ約６００㌔の研究用の無人偵察機である「多用途小型無人機（ＴＡＣＯＭ）」を6機開発した。

その後、２００４年から6年間で、ＴＡＣＯＭをベースに、さらに１０３億円をかけて新たに4機の無人偵察機を使った「無人機研究システム」を開発。開発したシステムでは、不審船や離島奪還作戦などの緊急時に戦闘機Ｆ15から小型無人機を噴出し、数百㌔を航続、最大で高度1万２０００㍍まで上昇し偵察を行い、任務が終了すると自律飛行して基地に戻るという仕組みを作り上げた。

開発を終えて、現在は故障などで2機になった無人偵察機について運用への研究が重ねられているが、偵察機として使用できる見通しはまだ立っていないという。

では大型の無人機開発は防衛省でどの程度進んでいるのか。

防衛省は２００３年から段階的に、数十億円をかけて大型無人機の開発を行ってきている。機体は空中飛行するものに加え、水中飛行するものもあり、また燃料電池の研究、開発も行っている。

だがいずれの大型の無人航空機も、まだ要素技術の研究段階で、現段階で大型の無人偵察機や無人戦闘機などをいつまでに開発、生産するのかなどの具体的な見通しはほとんどない。

防衛装備庁幹部は、見通しがない理由について、国際的な世論を挙げる。

「偵察機と違い、無人攻撃機に対する、国際的な批判があり、防衛省内でも無人攻撃機に関しては慎重視する声がある。無人戦闘機の開発を進めれば国内世論が反発することも予想できるため、導入の壁は高い」

ただ、世界の流れを見つつ、防衛省でも、無人戦闘機開発への関心は高まっている。

14年の防衛白書には、無人機についてこう明記されている。

「無人機の有用性は、その特性から各国でより幅広く認識され、有人機に代わり開発・導入が推進されていくものとみられる」

また第6章で紹介した防衛省の競争的資金制度では、無人機に関する東京電機大の研究が採択されている。具体的には、2機の無人機を使って発射されるレーダーから、低速で動く人や溶岩流などの物体を正確に捕捉《ほそく》するというものだ。防衛省は、無人戦闘機開発を想定した民間技術の取り込みにも関心を示しているのだ。

防衛官僚のイスラエル企業への接近

防衛省には無人機について、ある思惑がある。無人戦闘機の開発ではるか先を行くアメリカの無人戦闘機の売り込みに待ったをかけたいのが本音だ。

２０１４年6月にフランス・パリで開かれた国際武器見本市「ユーロサトリ」では、防衛装備庁の堀地徹装備政策部長がＩＡＩ社のブースに立ち寄っている。ＩＡＩ社はイスラエルの企業でイスラエル国防軍の軍用機を開発生産している。そこで、

「イスラエルが開発する無人攻撃機『ヘロン』に関心がある」

展示担当者にそう伝え、密談に及んでいた。なぜ、パレスチナと実質、紛争状態にあるイスラエルの企業に防衛装備庁の幹部が関心を見せるのか。

防衛装備庁幹部はあるとき、こんな本音を話してくれた。

「無人戦闘機に関する高度な技術を持つアメリカは、高い金で日本に武器を売るが、そこにある技術の情報開示はほとんどしない。日本はともすれば、同盟国との関係で高い金だけ払っているという状況が続いている。

武器輸出に舵《かじ》を切ったいま、海外の高度な技術を日本に取り入れ、日本の防衛技術を底

上げしたい。そのためにも、機密情報が多く情報開示のハードルが高いアメリカではなく、技術の情報開示も含めて、無人戦闘機の売り込みに積極的なイスラエルの方が、防衛省にとっては魅力的な相手だ」

展示会と同月、安倍首相はイスラエルのネタニヤフ首相と新たな包括的パートナーシップの構築に関する共同声明を発表。防衛協力の重要性を確認し、閣僚級を含む両国の防衛当局間の交流拡大で一致した。

交流拡大が進み、今後、イスラエルとも防衛装備協定などが結ばれれば、2国間での武器輸出が進む可能性がある。イスラエルの武器を買うだけでなく、イスラエルが関わるパレスチナとの紛争に、日本の部品や技術が使われる可能性が高まっていくのではないか。「日本の防衛力向上のために」と、武器の技術力強化を追い求める政府の姿勢が、結果として紛争国との交流拡大につながっている現状に強い危機感を抱いた。

まきこまれる民間人

武器輸出において現在、もっとも注目度が高く、巨額投資を含めて開発が進むのが、これまで見てきたようなプレデターをはじめとする無人戦闘機だ。

アメリカでは、2001年の米同時テロ直後のアフガニスタンで「MQ－1プレデター」にミサイルを搭載して偵察を行ったのが最初の配備だ。パキスタンでは04年から無人機攻撃を始め、イエメンやソマリアでは11年以降、無人機攻撃を本格化させた。

無人戦闘機は、自国の兵士を戦闘機に乗せることも、被害に遭わせることもなく、偵察から監視、攻撃までを安全性を確保できるオペレーションルームで行う。機体に搭載された、高感度カメラやレーダーなどで目標を検知し、ミサイルなどの精密誘導兵器でピンポイントに攻撃する。

その一方、アメリカ軍などの無人攻撃機が、誤爆により多くの民間人の犠牲者を生みだしているのは本章の冒頭でも述べたとおりだ。GA－ASI社が開発した「プレデター」は、〝殺人機〟とも呼ばれ、国際世論でも強い非難を浴びてきた。

ブッシュ政権で始まったアメリカの無人攻撃機による戦争は、オバマ政権で一気に拡大した。アメリカは、アフガニスタン国境でのスンニ派過激組織「TTP」の掃討作戦で無人攻撃機を使用。04年に、TTP幹部がパキスタン北西部の北ワジリスタン管区に拠点を築いたため、11年～13年2月まで、「ヘイメーカー」と呼ばれる特殊作戦を実施し、無人攻撃機での空爆を繰り返した。

アメリカ政府の機密情報にアクセスしたジャーナリストらの証言や政府の機密文書を掲載するアメリカの情報ポータルサイト「インターセプト」では、オバマ政権が行った特殊作戦での軍内部の機密報告書が公開されている。

報告書によると、12年5月～9月の間に200人以上の人命が失われ、うちアメリカ軍が標的とした人物はわずか33人で、殺害された人の約9割が別人だったと指摘する。アメリカ軍がだれかわからず殺害したあと、その人物がテロリストでないとわかっても軍内部では敵として報告していたことも暴露された。

13年の国連人権理事会によると、04年以降、アメリカ、イギリス、イスラエル軍などの無人攻撃機によるイスラム過激派への暗殺攻撃で、パキスタン、アフガニスタン、イエメンの3カ国で、少なくとも民間人479人が死亡。パキスタンでは、部族地域で330回以上の無人機攻撃が行われ、2200人が死亡、うち400人以上が民間人で、200人以上が非戦闘員の可能性があるとされた。

〝ゾンビモード〟で任務をこなす

オバマ政権下で急増した無人攻撃機だが、操縦室での殺りくに加わった〝パイロット〟

講演：望月衣塑子さん

（東京新聞社会部・記者）

3・22

中東への
派兵反対！
安倍改憲
NO！
辺野古埋め立て
やめろ！
朝鮮半島に
平和を！

大阪朝鮮高級学校
舞踏

■3月22日（日）
PM1時開場ー1時半開始
■エルおおさか・エルシアター
（地下鉄・京阪「天満橋」）

資料代500円（中高生・介助者無料）手話通訳あり

主催・とめよう！戦争への道・めざそう！アジアの平和2020関西のつどい実行委員会

は、仕事が終われば自宅に帰って犬を散歩させたり、買い物に行ったりなどの普段通りの暮らしに戻るという。そういった兵士たちの心的外傷後ストレス障害（ＰＴＳＤ）発症率は高い。無人攻撃機の操作に自らたずさわった経験を持ち、ＰＴＳＤを発症した兵士や元兵士たちの声を、アメリカのメディアは繰り返し報道。無人攻撃機を扱う側の実態について生々しくリポートしている。

アメリカ空軍のジェームズ・クラフ大佐は、米紙ニューヨークタイムズにこう語る。

「（無人攻撃機の操縦は）精神的に毎日、戦場に派遣されるようなものだ。操縦士たちは、基地のゲートをくぐりながら、『よし、自分は戦地に向かう。戦うぞ』と考える。しかし任務後は、基地のゲートを出て、スーパーで牛乳を買い、サッカーの試合に行ってから家に帰る。任務について家庭で話すことはほとんどできない。これらの要因が重なり、操縦士本人と家族の精神的ストレスが強まっていく」

ＡＰ通信は、プレデターの操縦士が見ることのできる画像は高解像度で、地上の人物の性別や、武器の種類なども判別できると報じている。操縦士には攻撃の成果を観察することも求められているという。

ニューズウィーク誌（15年6月）では「REFUSE TO FLY（飛ぶことを拒否せよ）」と題し

て無人攻撃機のアメリカ軍操縦士たちに、45人の退役軍人らが連名で任務の放棄を呼び掛けたことが紹介された。

元軍人たちは、「アフガニスタン、パキスタン、イエメン、ソマリア、イラク、そしてフィリピンで、少なくとも6000人の命が不当に奪われた」とし、「無人攻撃機による攻撃は、国際法違反で人権の原則にも反している」と訴える。

操縦士は1日12時間以上も無数のコンピュータースクリーンを睨《にら》んで過ごし、数千㌔離れた標的を監視し、命令が下れば攻撃も行う。任務のストレスで操縦士は減っているともいわれる。

実際に精神を病んだ元操縦士のブランドン・ブライアント氏は、ニューズウィークと雑誌「GQ」に次のように語る。

「アフガニスタンのどこかの道を、自動小銃を抱えた男が三人歩いていた。前の二人は何かでもめている様子で、もう一人は少し後ろを歩いていた。彼らがだれなのか、知る由もなかった。上官が下した命令は、何でもいいから前の二人を攻撃しろというものだった。土煙が収まると、目の前の画面には大きくえぐれた地面が表示されていた。二人の肉体の断片が散らばり、後ろにいた男も右脚の一部を失って地面に倒れていた。男は血を流し、死にかけていた。赤外線カメラの映像に白っぽく映る血のりは地面に広がり、冷えていった。男はやがて動かなくなり、地面と同じ色になった」（ニューズウィーク誌、15年6月）

アメリカ国防総省は繰り返し、無人機はアメリカ兵の死を防ぎ、アメリカをテロから守っていると説明してきた。ブライアント氏も当初は無人機が人命を助ける一助になるんだと信じ、実際に武装勢力の残虐行為も目の当たりにしてきたと話す。

「約6年間この任務を続けるうちに、次第に無感覚になり、『ゾンビモード』で任務に当たるようになっていた」

ブライアン氏が特別報酬の誘いを断り、退役を決めたのは11年。ブライアン氏が関わった作戦の実績をまとめた文書には、計約6000時間の無人機操作で殺害した人数に1626人という数字が記されていた。退役後のブライアント氏は酒浸りの日々を送り、うつ状態が続き、医師からPTSDとの診断を受けているという（いずれもGQ）。

　無人戦闘機の開発を続けるアメリカの防衛企業は、一連の無人戦闘機のパイロットに関する報道をどう捉《とら》えているのか。

　元空軍大佐でノースロップ・グラマンのジム・スコット氏は、「我々はあくまでもより良い性能の武器を国防総省に提供することを第一に考えている。運用に関連する質問は、アメリカの国防総省に聞いて欲しい」と答えを濁した。アメリカ空軍でF18のパイロットを務めたGA－ASI社のフィリップ・マイルズ氏は、「自分は、プレデターを操縦した経験はないが、彼らの問題は、週1日の休みでハードワークな勤務態勢が続いているからだと聞いている。問題は、無人攻撃機を操縦するか否かではなく、充分な休みが取れているかどうかなのではないか」とだけ語った。

日本はどこに向かっていくのか

世界では無人戦闘機の熾《し》烈《れつ》な開発競争が繰り返され、武器輸出に踏み込み始めた日本も また、その開発競争の流れに徐々に組み込まれようとしている。日本の無人戦闘機の開発はどこまで進み、日本は世界の武器市場にどう巻き込まれていくのか。

防衛白書には将来の無人戦闘機の姿についてこう述べられている。

「今後は、人間が操作するものから完全な自律行動型に推移していく可能性があるとみられる。それは自律型致死兵器システムと呼ばれ、目標決定から攻撃まで自動で行われる。近い将来、人工知能開発が進めば実戦配備される可能性も指摘されている」

アメリカやイスラエルをはじめ激化する無人戦闘機開発の行き着く先は、白書が指摘するような自律型致死兵器なのか。

その兵器が開発されたとき、無人戦闘機内に組み込まれた人工知能が、人知を超えて戦争の可否を判断し、人々を殺傷していく。人類は、ロボットが自律的に判断する戦争に身を任せていく運命にあるのだろうか。

世界で進む無人戦闘機開発に対して、どんな美辞麗句を並べその安全保障上の意義を強調しても、無人戦闘機の被害者であるナビラさんたちを前に、人を殺《あや》めることの正当性を主張することなど到底不可能だ。

無人戦闘機の開発にのめり込む多くの武器輸出国の大人に対し、ナビラさんは、「平和な世界への投資をしてください。殺戮《さつりく》という手段に頼っても平和は決して訪れません」と訴え続けている。

企業や研究者を巻き込み、武器輸出を推進する欧米各国では、軍産複合体の巨大化が進み、その結果、世界中にナビラさんのような多くの罪のない被害者が次々に生み出されている。

私たち日本人は、武器輸出に踏み切ったことで、欧米と同じ世界に一歩を踏み出した。

本当にこのままでいいのか。

なし崩しに進んでいっていいのか。

ナビラさんたちの声に、戦争で苦しみ泣き叫ぶ声なき世界の声に、もっと耳を傾け続けていきたい。

あとがき

それまでは事件などを扱う社会部に所属していた私が、2011年、一人目の出産明けに配属されたのは、社会部でなく畑の違う経済部。しかも担当は原発問題で混乱を極めていた経済産業省だった。大臣のぶら下がり会見が午後7時から、原発汚染関連の有識者による勉強会が午後9時から始まるなど、乳飲み子を抱える私には到底できない取材が並んだ。大臣のぶら下がり会見は冒頭だけ。夜の勉強会はもちろん欠席……。

出産前、昼夜関係なく取材現場や取材先に出向き、駆けずり回っていたころがなつかしい。あのころのような充足感はもう得られないのか。夜中に何度も泣き声を上げる赤ん坊に授乳しながら、そんなことを考えて悶々《もんもん》としていた。

そんな私が不憫《ふびん》に見えたのだろうか。経済部の富田光部長（当時）は、「もっとテーマを絞り込んで、問題意識をもったものを掘り下げろ」と助言をくれた。二人目を出産して復帰後の14年4月にはこう切り出された。

「防衛省が始めた、武器輸出問題をテーマに取材をしてみろ」

それがこの問題を追いかけ始めた契機である。

事件を掘り下げるのは大好きだったが、軍事にも政治にもさほど関心のなかった私が、防衛省の記者クラブに入り、防衛省が進める政策などへの取材を始めることになった。

最初は取材もままならなかったが、武器輸出解禁で急速に政府・防衛省も企業も動き出し、ニュースが日々生まれていた。記者としての醍醐味《だいごみ》を感じるようになり、のめりこんだ。一方で、取材を重ねるほどに、武器輸出に戸惑う企業や研究者、市民の声を聞くようになり、一個人として割り切れない思いもふくらんでいった。

「国を守るために一定の防衛力は必要なのかもしれない。だとしても、そのために軍備拡張につながる武器輸出を推し進め、企業や研究者を巻き込む必要はあるのか」

そんなとき、戦後初の東大総長(15代)の南原繁《なんばらしげる》が記した『南原繁 教育改革・大学改革論集』に出会った。南原は、戦後、東大が掲げてきた軍事研究禁止の原則において象徴的な存在の一人だ。東大では、現在でも軍事研究禁止を「南原三原則」と呼ぶ人もいる。

書物や講演を通じ戦後の日本は自主自律的な変革を必要としていると訴え続けた南原は、『南原繁教育改革・大学改革論集』に次のような言葉をつづっている。どれもとても心に響いたので少し長いが引用する。

「大学は国家の名において学問研究の自由の範囲が著しく狭められ、時の権力者によって都合よき思想と学説が保護せられ、これに反するものはしばしば迫害せられ、弾圧せられ来った…われわれは、わが国の教育をかような官僚主義と中央集権制度から解放し、これを民主的また地方分権的制度に改編しなければならぬ」

「国の政治に何か重大な変化や転換が起きるときは、その前兆として現れるのが、まず教育と学問への干渉と圧迫である。われわれは、満州事変以来の苦い経験によって、それを言うのである」

「大切なことは政治が教育を支配し、変更するのではなく、教育こそいずれの政党の政治からも中立し、むしろ政治の変わらざる指針となるべきものと考える。…いまの時代に必要なものは、実に真理と正義を愛する真に自由の人間の育成であり、そういう人間が我が国家社会を支え、その担い手になってこそ、祖国をしてふたたびゆるぎない民主主義と文化的平和国家たらしめることができる」

数十年前に書かれた文章である。私は、南原が分析したかつての日本の状況と、いまの日本が直面しつつある状況が重なっていることに驚きを禁じ得なかった。

2005年以降から膨張する世界の軍事費や武器輸出の状況を見れば、軍備の拡大が、世界の平和や安定とは懸け離れ、世界各地で勃発《ぼっぱつ》する紛争の火種になっていることは一目瞭然《りょうぜん》だ。それでも日本は欧米列強に続けと、武器輸出へ踏み込んだ。

戦後70年、日本は憲法九条を国是とし、武力の放棄、交戦権の否認を掲げた。それらを捨て、これからを担う子どもにとって戦争や武器を身近でありふれたものにしようとしている。この状況を黙って見過ごすわけにはいかない。

本書の執筆にあたって、軍学共同に反対する多くの研究者や科学者、防衛企業や下請け企業で働くみなさまへの取材で、多数のご助言をいただきました。

中日新聞北陸本社の元報道部長の市川隆太記者。少し前に突然、あちらの世界に旅立ってしまわれましたが、市川さんには、武器輸出を取材していることを、とても応援していただきました。番犬として反骨精神旺盛《おうせい》な市川さんの思いもこの本に込めたつもりです。

推薦文をくださった森達也さん、武器輸出をテーマにした創作劇「雲ヲ掴《つか》ム」を上演した劇団秋田雨雀《あきたうじやく》・土方与志《ひじかたよし》記念青年劇場代表の福島明夫さん、広瀬公乃さんほか俳優やスタッフのみなさま、東京・中日新聞の瀬口晴義さん、富田光さん、池田実さん、飯田孝幸さん、早川由紀美さん、西田義洋さん、佐藤大さん、上田千秋さん、藤川大樹さん、中山高志さん、小沢慧一さんほか、日々奮闘している記者、デスクのみなさん、出版の契機を与えていただいた角川新書の堀由紀子さん。そして生意気だけどかわいい子どもたちや夫や母、家族や友人たちの協力があって、2年にわたり取材を続けてきた武器輸出の本をまとめることができました。

この本を起点に、さらに取材網を広げ、より多角的に現在の日本の姿を読者のみなさまに伝えていけるようにがんばります。一記者として、一人の人間として、共に考え続けていきたいと思います。ありがとうございました。

平成28年6月

望月衣塑子

望月衣塑子（もちづき・いそこ）
1975年、東京都生まれ。東京新聞社会部記者。慶應義塾大学法学部卒業後、東京・中日新聞に入社。千葉、神奈川、埼玉の各県警、東京地検特捜部などで事件を中心に取材する。2004年、日本歯科医師連盟のヤミ献金疑惑の一連の事実をスクープし、自民党と医療業界の利権構造を暴く。また09年には足利事件の再審開始決定をスクープする。東京地裁・高裁での裁判担当、経済部記者などを経て、現在は社会部遊軍記者。防衛省の武器輸出、軍学共同などをテーマに取材している。二児の母。趣味は子どもと遊ぶこと。

武器《ぶき》輸出《ゆしゅつ》と日本《にほん》企業《きぎょう》

望月衣塑子《もちづきいそこ》

2016年 7 月 10 日　初版発行
2019年 8 月 5 日　10版発行

発行者　郡司 聡
発　行　株式会社KADOKAWA
東京都千代田区富士見 2-13-3　〒 102-8177
電話　0570-002-301（カスタマーサポート・ナビダイヤル）
受付時間 11時～13 時、14時～17時（土日 祝日 年末年始を除く）
https://www.kadokawa.co.jp/

装 丁 者　緒方修一（ラーフイン・ワークショップ）
ロゴデザイン　good design company
オビデザイン　Zapp!　白金正之
印 刷 所　暁印刷
製 本 所　BBC

角川新書
 ISBN978-4-04-082086-6 C0231